Kompendium Geotechnik 1

Kompendium Geotechnik

Kompendium Geotechnik 1

Grundlagen
Boden und Bodenuntersuchungen

Britta Kruse

Logos Verlag Berlin

λογος

Bibliografische Information der Deutschen Nationalbibliothek

Die Deutsche Nationalbibliothek verzeichnet diese Publikation in der Deutschen Nationalbibliografie; detaillierte bibliografische Daten sind im Internet über http://dnb.d-nb.de abrufbar.

ISBN 978-3-8325-5302-9

Logos Verlag Berlin GmbH
Georg-Knorr-Str. 4, Gebäude 10
D-12681 Berlin
Tel.:   +49 (0)30 / 42 85 10 90
Fax: +49 (0)30 / 42 85 10 92
http://www.logos-verlag.de

Meinen Eltern Bärbel und Günter

Inhaltsverzeichnis

A   Einführung

A-1   Vorbemerkung

Das Kompendium ist als Arbeitsgrundlage für Studienzwecke im Bereich des Fachgebietes der Geotechnik geeignet. Der vorliegende Teil 1 beinhaltet die Grundlagen, wobei das Hauptaugenmerk auf dem Boden, der sowohl als Baugrund als auch als Baustoff dienen kann, liegt. Als zentraler Gegenstand werden die Untersuchungen des Bodens zur Bestimmung seiner Eigenschaften, u. a. auch im Kontext zur Planung und Ausführung von Gründungsbauwerken, behandelt.

Es wird versucht, die häufig komplexen Zusammenhänge aus den unter Kapitel A-2 ausgewiesenen Kompetenzfeldern einfach zu erläutern und mit zahlreichen Abbildungen zu veranschaulichen, sodass Studierende/Nutzer die Möglichkeit haben, Inhalte zu erarbeiten und/oder sich planmäßig auf Prüfungen vorzubereiten. Zur Unterstützung des Selbststudiums sind am Ende jedes Kapitels Checkpoints mit gezielten Fragen bereitgestellt, die dabei unterstützen, das Wesentliche des behandelten Stoffes zu erkennen. Für weiterführende Recherchen wird die kapitelweise angegebene Literatur empfohlen.

Trotz größter Sorgfalt ist es leider nicht ganz auszuschließen, dass sich der ein oder andere „Fehlerteufel" eingeschlichen hat. Diesbezügliche Hinweise nehme ich gern per Mail (Britta.Kruse@HTW-Berlin.de) entgegen.

A-2   Kompetenzfelder

Der Inhalt dieses Kompendiums lässt sich in die folgenden fünf fachlichen Kompetenzfelder einordnen:

- Boden (Lockergestein) benennen, beschreiben und klassifizieren

- Wasser im Boden – Erscheinungsformen, Bedeutung und Auswirkung kennen

- Baugrund mit Bodenuntersuchungen im Gelände erkunden

- Beschreibende Bodenkenngrößen sowie das Festigkeits- und Verformungsverhalten von Böden (Lockergesteinen) mit Hilfe von bodenmechanischen Laborversuchen bestimmen

- Bodenklassifizierungen vornehmen und Baugrund in Homogenbereiche einteilen

A-3   Warum Geotechnik?

„Ein Bild sagt mehr als tausend Worte..."

Abb. A-01: Schiefer Turm von Pisa (eigenes Foto 2018)
Der schiefe Turm von Pisa ist wohl das bekannteste Beispiel für eine Fehleinschätzung der Tragfähigkeit des Baugrundes. Denn, dieser wurde in vorwiegend nicht tragfähigem Sediment, im Übergangsbereich zwischen einem verlandeten Hafenbecken und einer ehemaligen Insel, gegründet. Schließlich resultierten daraus ungleichmäßige Setzungen, die zu der Schiefstellung des Turmes führten.

Abb. A-02: Einsturz Kölner Stadtarchiv [4]
Ursächlich für den Einsturz im März 2009 war ein nicht entfernter Gesteinsblock, der zu einer Undichtigkeit in einer Schlitzwand führte. Durch das entstandene Loch wurden Boden und Wasser aus dem Baugrund unter dem Archiv herausgespült. Dieser Materialentzug bewirkte den Einsturz. [5]

Abb. A-03: Erdrutsch von Nachterstedt [6]

Die Böschungsbewegung vom 18.07.2009 ist „durch ein nicht vorhersehbares dynamisches Initial und den ebenfalls unvorhersehbaren, hohen artesischen Wasserüberdruck als Folge der anomalen lokalen Rinnenstruktur des Liegendgrundwasserleiters verursacht worden...". [7]

Diese drei Abbildungen zeigen unterschiedlichste Bauschäden hinsichtlich Art und Auswirkungen. Die menschlichen Ursachen reichen dabei von Sorglosigkeit oder Unkenntnis über Missdeutung bis hin zu Wissenslücken in Bezug auf die hohe Komplexität des Zusammenwirkens verschiedener geologischer und hydrogeologischer Phänomene. Die Gemeinsamkeit all dieser Schäden liegt aber grundsätzlich in der Fehleinschätzung des Baugrundverhaltens.

Bauschäden führen häufig zu großen materiellen Schäden. Auch kommt es leider immer wieder vor, dass Gefahr für Leib und Leben eintritt, also Personen ernsthaft geschädigt werden.

Die Aufgabe eines jeden Bauingenieurs muss es also sein, Bauschäden grundsätzlich zu vermeiden. Dazu sind solide Kenntnisse in der Geotechnik zwingend erforderlich, da man sowohl bei der Konstruktion und Berechnung als auch bei der Ausführung von sicheren Bauwerken den im Untergrund befindlichen Boden als Baugrund oder als Baustoff richtig einschätzen muss.

A-4   Was ist Geotechnik?

Die Geotechnik, ein fundamentales, komplexes und hoch spezialisiertes Teilgebiet des Bauingenieurwesens, ist eine vergleichsweise junge Wissenschaft, die 1925 durch den Österreicher CARL TERZAGHI (1883–1963) mit seinem Werk „Erdbaumechanik auf bodenphysikalischer Grundlage" begründet wurde. Doch auch schon lange vorher befassten sich die Menschen mit dem Medium Boden als Baugrund und Baustoff (z. B. Pfahlgründungen oder Erdwälle als Befestigungsanlagen). So wurden von dem französischen Physiker und Festungsbaumeister CHARLES AUGUSTIN DE COULOMB (1736–1806) erste mathematische Theorien über Bodenkräfte abgeleitet und daraus die klassische Erddrucktheorie entwickelt.

Die Aufgabe der Geotechnik besteht zunächst darin, den Baugrund, der aus Lockergestein (Boden) und/oder Festgestein (Fels) aufgebaut sein kann, zu untersuchen und im Hinblick auf seine Eignung zur Aufnahme von Bauwerkslasten oder auf seine Verwendung als Baustoff zu beurteilen.

Auf dieser Grundlage aufbauend sind vom Geotechniker schließlich Gründungen, Baugruben, Stützbauwerke etc. zu planen, die ausreichend weit von dem Grenzzustand der Tragfähigkeit (vollständiges Versagen) und dem Grenzzustand der Gebrauchstauglichkeit (vorgesehene Nutzung nicht mehr möglich) entfernt sind.

Besondere Herausforderungen stellen heute z. B. das Bauen im Bestand, innerstädtische Infrastrukturbaumaßnahmen oder der Entwurf und die Ausführung tiefer, teilweise im Grundwasser liegender Baugruben dar.

Unter dem Begriff Geotechnik sind verschiedene Wissenschaftsdisziplinen zusammengefasst (Abb. A-04), wobei eine Unterteilung in Grundlagenwissenschaften und verschiedene Anwendungsgebiete vorgenommen werden kann.

Zu den sogenannten Grundlagenwissenschaften können die Boden- und Felsmechanik sowie die Baugrunddynamik gezählt werden, welche sich mit den mechanischen Eigenschaften und dem Verhalten des Baugrundes als Locker- oder Festgestein unter statischen und dynamischen Verhältnissen beschäftigen.

Das Anwendungsgebiet Grundbau ist die Lehre von Entwurf, Bemessung und Ausführung von Bauwerken unter Berücksichtigung der Baugrundeigenschaften. Als Erdbau werden alle erforderlichen Maßnahmen bezeichnet, die in Verbindung mit der Erstellung von Erdbauwerken, wie z. B. Dämmen oder Einschnitten stehen. Der Tunnel- und Hohlraumbau beschäftigt sich mit Entwurf, Bemessung und Ausführung von Hohlraumbauten unterhalb der Geländeoberfläche, wie z. B. Verkehrstunneln oder Kavernen. Als Kavernen werden große unterirdische Hohlräume bezeichnet.

Ein weiteres großes Anwendungsgebiet ist die Umweltgeotechnik, die sich mit Neubau und Sanierung von Deponien (Deponiebau), Erkundung, Sicherung und Sanierung von Altlasten (Schadstoffen) im Boden, mit Erdwärme- bzw. Thermospeichern sowie der Problematik der Endlagerung von (radioaktiven) Abfällen im Untergrund befasst.

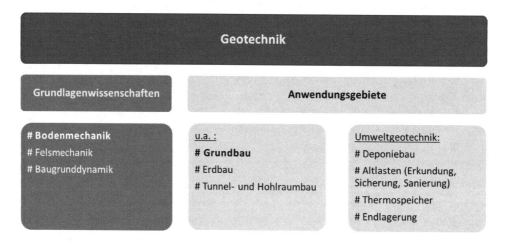

Abb. A-04: Wissenschaftsdisziplinen der Geotechnik, in Anlehnung an [1]

A-4.1   Baugrundrisiko

Der Baugrund kann sowohl aus wirtschaftlichen als auch aus technischen Gründen nicht flächendeckend, sondern nur stichprobenartig, d. h. an ausgewählten Punkten erkundet werden. Über Beschaffenheit und Eigenschaften des Baugrunds zwischen diesen Punkten können deshalb nur Vermutungen angestellt werden, die vage, d. h. unsicher sind. Das Baugrundrisiko (Abb. A-05) ist also durch die Tatsache, dass die Bauaufgabe anhand von nicht umfänglich bekannten Baugrundverhältnissen gelöst werden muss, begründet.

Das Baugrundrisiko liegt grundsätzlich beim Bauherrn als Eigentümer des Baugrunds (Auftraggeber AG). Er muss dafür Sorge tragen, dass die Baugrundverhältnisse fachgerecht, vorschriftsmäßig und nach den anerkannten Regeln der Technik erkundet und im Geotechnischen Bericht eindeutig beschrieben werden.

In Ausnahmefällen kann das Baugrundrisiko durch Individualvereinbarungen auf den Auftragnehmer (AN) übergehen. Dies gilt auch dann, wenn ein vom AN angebotener Sondervorschlag den untersuchten und beschriebenen Baugrund verlässt.

er Inhaber des Baugrundrisikos trägt jegliche Folgen, die sich hinsichtlich der Vergütung, der Gewährleistung und/oder der Fristen ergeben. [2]

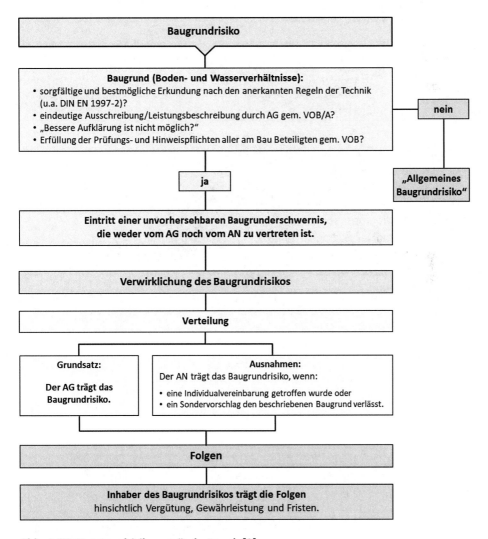

Abb. A-05: Baugrundrisiko, verändert nach [2]

A-4.2   Geotechnische Untersuchungen

Unter geotechnischen Untersuchungen versteht man im Allgemeinen Feld- und Laboruntersuchungen im Bereich der geplanten Baumaßnahme, welche mit dem Ziel durchgeführt werden, den räumlichen Aufbau des Baugrunds und die Eigenschaften des Bodens sowie die Grundwasserverhältnisse zu erfassen.

Mit den so ermittelten Daten wird ein Modell vom untersuchten Bereich des Untergrundes erstellt, um mit dessen Unterstützung die Eignung als Baugrund einschätzen und damit eine technisch einwandfreie Planung und Ausführung des Bauwerks gewährleisten zu können. Außerdem lassen sich anhand eines derartigen Baugrundmodells die Eignung von Boden als Baustoff einschätzen sowie dessen Gewinnung und Einsatz qualifiziert planen.

Baugrundmodelle, welche auf unvollständigen, unpräzisen oder fehlerhaften Informationen basieren, können zu unwirtschaftlichen Bemessungen und gegebenenfalls zum Verlust der Gebrauchstauglichkeit oder der Tragfähigkeit des Bauwerks führen. Aufgrund dessen haben geotechnische Untersuchungen im gesamten Bauprozess einen hohen und zentralen Stellenwert.

Statistische Erhebungen, dargestellt in Abbildung A-06, unterstreichen diese Aussage. Abgebildet sind unterschiedliche Ursachen für Bauschäden an Baugruben und Gräben. Der größte Anteil der Bauschäden ist demnach mit 31 % auf unzureichend ausgeführte geotechnische Untersuchungen zurückzuführen.

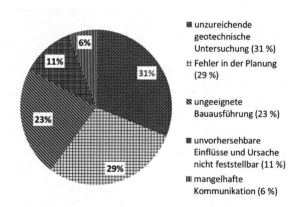

- ▦ unzureichende geotechnische Untersuchung (31 %)
- ✠ Fehler in der Planung (29 %)
- ▨ ungeeignete Bauausführung (23 %)
- ▦ unvorhersehbare Einflüsse und Ursache nicht feststellbar (11 %)
- ▥ mangelhafte Kommunikation (6 %)

Abb. A-06: Ursachen für Bauschäden an Baugruben und Gräben, in Anlehnung an [3]

A-4.3   Geotechnischer Bericht

Gem. Handbuch EC 7-2 (2011) [8] ist der Geotechnische Bericht, der bisher auch als Baugrund- und Gründungsgutachten bezeichnet wurde, die Zusammenfassung, Dokumentation und Bewertung aller Ergebnisse der geotechnischen Untersuchungen (Baugrunderkundung und bodenmechanische Laborversuche). Auf dieser Grundlage werden mit der sog. Baugrundbeurteilung und Gründungsempfehlung dann Schlussfolgerungen für die Planung und Ausführung des Bauwerkes gezogen.

Um sowohl Art als auch Umfang der erforderlichen geotechnischen Untersuchungen festlegen zu können, muss nach EC 7 (DIN EN 1997-2) jede Baumaßnahme vorab in eine sogenannte Geotechnische Kategorie (GK) eingestuft werden. Diese Einstufung wird unter Berücksichtigung des Schwierigkeitsgrades, welcher sich in Abhängigkeit der Randbedingungen ergibt, die aus Bauwerk und Baugrund resultieren, vorgenommen. Konkret werden drei Geotechnische Kategorien (GK 1 - geringer , GK 2 - mittlerer und GK 3 - hoher Schwierigkeitsgrad) unterschieden.

Wird die Baumaßnahme in die Geotechnischen Kategorien GK 2 oder GK 3 eingestuft, ist die Erstellung eines Geotechnischen Berichts zwingend erforderlich. Dieser ist die Grundlage für die Grob- und Detailplanung sowie die Bemessung von z. B. Gründungskörpern oder Baugruben durch die Nachweisführung für den Grenzzustand der Tragfähigkeit (ULS... Ultimate Limit State) und der Gebrauchstauglichkeit (SLS... Serviceability Limit State). Der Geotechnische Bericht, der um diese Nachweise erweitert ist, wird gem. EC 7 (DIN EN 1997-2) als Geotechnischer Entwurfsbericht bezeichnet (Abb. A-07).

Der Geotechnische Bericht/Entwurfsbericht muss durch Beratende Ingenieure für Bodenmechanik, Erd- und Grundbau (Ingenieurbüros) oder durch öffentliche Einrichtungen, wie z. B. Hochschulinstitute, Materialprüfanstalten sowie Bundesanstalten für Straßenwesen oder Wasserbau, erstellt werden.

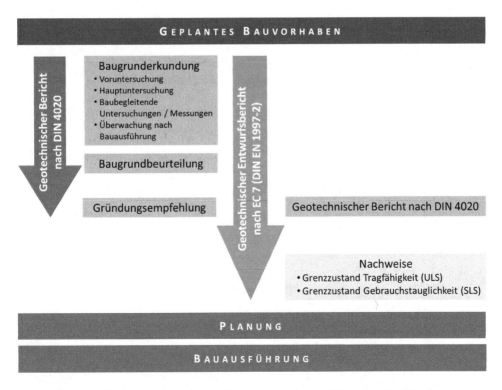

Abb. A-07: Einordnung des „Geotechnischen Berichts/Entwurfsberichts" in den Bauprozess

A-5   Checkpoint(A)

(1)   Beschreiben Sie, worin die Aufgabe der Geotechnik besteht.

(2)   Wer ist der Begründer der Geotechnik?

(3)   Erläutern Sie die Begriffe Grenzzustand der Tragfähigkeit und Grenzzustand der Gebrauchstauglichkeit, geben Sie Beispiele an. Was genau bedeuten die Abkürzungen ULS und SLS?

(4)   Was versteht man unter Baugrund und woraus kann dieser aufgebaut sein?

(5)   Erklären Sie den Begriff Baugrundrisiko. Wer trägt die Folgen, wenn das Baugrundrisiko verwirklicht ist?

(6)   Was versteht man unter geotechnischen Untersuchungen und mit welchem Ziel werden diese durchgeführt?

(7)   Erläutern Sie, wonach Art und Umfang der geotechnischen Untersuchungen festgelegt werden.

(8)   Erläutern Sie, was ein Geotechnischer Bericht gem. DIN 4020 ist. Welche Angaben muss ein Geotechnischer Entwurfsbericht entsprechend EC 7 (DIN EN 1997-2) zusätzlich enthalten?

(9)   Durch wen muss der Geotechnische Bericht/Entwurfsbericht erstellt werden?

A-6   Literatur (A)

[1] Floss et al. (2000): Zur Position der Geotechnik als zentraler Disziplin des Bauingenieurwesens, Geotechnik, Heft 23

[2] Englert et al. (2016): Handbuch des Baugrund- und Tiefbaurechts, 5. Aufl., Werner Verlag

[3] Möller (2016): Geotechnik – Bodenmechanik, 3. Aufl. Verlag Ernst & Sohn

[4] Frank Domahs, File: Thedestroyedsixstorycolognecityarchive.jpg, Wikimedia Commons, Abruf am 25.03.2021

[5] https:// www.dw.com/de/k%C3%B6ln-erinnert-an-stadtarchiv-einsturz/a - 4775-8700#:~:Text=Die%20Ursache%20f%C3%BCr%20das%20Ungl%C3%BCck, Schlitzwand-%2C%20die%20Grundwasser%20abhalten%20sollte, Abruf 25.03.2021

[6] euroluftbild.de/Grahn, File:Unglück von Nachterstedt File 00017DA4.jpg, Wikimedia Commons, Abruf am 25.03.2021

[7] https://www.lmbv.de/index.php/ursachenbericht.html, Abruf am 25.03.2021

[8] DIN Deutsches Institut für Normung e. V. (2011): Handbuch Eurocode 7 - Geotechnische Bemessung- Band 2: Erkundung und Untersuchung, Beuth Verlag GmbH

B   Geologische Grundlagen

B-1   Erdzeitalter

Anhand von Meteoriten lässt sich belegen, dass die Erde zusammen mit den anderen Planeten vor etwa 4,56 Mrd. Jahren, zu Beginn des Äons Hadeum entstanden ist. Mit Hilfe von einzelnen entdeckten Mineralkörnern mit einem Alter von 4,4 Mrd. Jahren konnte man schlussfolgern, dass zu dieser Zeit an der Erdoberfläche schon Wasser in flüssiger Form vorhanden war. Im Archaikum, vor 3,9 bis 2,5 Mrd. Jahren, gab es bereits ein Magnetfeld und Wetterereignisse, also Klima. Aus dieser Zeit sind darüber hinaus erste Fossilien von primitiven einzelligen Mikroorganismen überliefert. Plattentektonik und Klima in der heutigen Form waren im Proterozoikum (vor 2,5 Mrd. bis 542 Mio. Jahren) wirksam. Im weiteren Verlauf stieg wegen der Sauerstoffproduktion durch Mikroorganismen, Algen und Pflanzen der Sauerstoffgehalt der Atmosphäre an. Vor 542 Mio. Jahren begann das Phanerozoikum, welches durch das Auftreten erster schalentragender Organismen charakterisiert ist. [1]

Die weitere zeitliche Unterteilung des Phanerozoikum, in dem wir uns heute noch befinden, ist Abbildung B-01 zu entnehmen. Aus dieser geht auch hervor, dass die gegenwärtige Ära das Känozoikum mit der Periode Quartär und der Epoche Holozän ist. Die geologische Zeitskala mit der Einteilung in Äonen, Ären, Perioden und Epochen ist aus dem relativen Alter der Mineralien und Fossilien abgeleitet worden. [1]

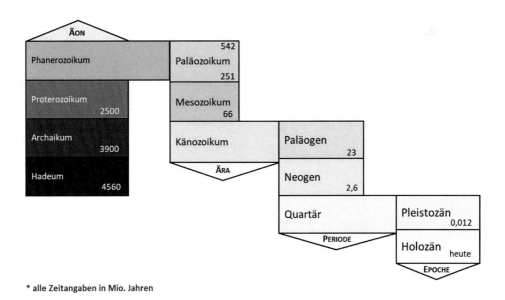

* alle Zeitangaben in Mio. Jahren

Abb. B-01: Geologische Zeitskala

B-2   Schalenaufbau der Erde

Die Erde ist aus konzentrischen Schalen aufgebaut, die jeweils durch scharfe, ebenfalls konzentrische Grenzflächen voneinander getrennt sind (Abb. B-02).

Die äußerste Schale, die Erdkruste, ist unter den Kontinenten im Mittel etwa 40 km, unter den Ozeanen etwa 7 km mächtig. Der unter der Kruste liegende Erdmantel, bestehend aus dichterem und silikatischem Gesteinsmaterial, erstreckt sich bis zur Kern-Mantel-Grenze (Tiefe 2890 km). Dieser lässt sich weiterhin in den Oberen und Unteren Erdmantel sowie in eine dazwischen befindliche Übergangszone unterteilen. [1]

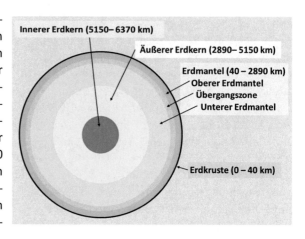

Abb. B-02: Schalenaufbau der Erde

Bei dem aus Eisen und Nickel bestehenden Erdkern ist ein flüssiger, äußerer und ein fester, innerer Kern zu unterscheiden. Die Grenze zwischen beiden Kernen verläuft in einer Tiefe von etwa 5150 km. [1]

Für die Geotechnik ist nur der oberflächennahe Bereich der Erdkruste von Bedeutung, denn, die Einflusstiefen von Gründungen für Bauwerke oder anderen geotechnischen Baumaßnahmen sind vergleichsweise gering.

B-3   Plattentektonik

Die Lithosphäre, also die steinerne Hülle, umfasst die Erdkruste sowie den obersten Teil des Erdmantels, den sog. lithosphärischen Mantel, und reicht damit bis in eine Tiefe von ca. 100 km. Die Lithosphäre kann insgesamt als starr bezeichnet werden, ist dabei aber keine durchgehende Schale, sondern aus jeweils einzelnen Lithosphärenplatten bzw. tektonischen Platten oder Kontinentalplatten zusammengesetzt. Diese bewegen sich mit Geschwindigkeiten von wenigen Zentimetern pro Jahr über die Erdoberfläche hinweg (Abb. B-03). Die Ursache hierfür ist ein Wärmetransportmechanismus, der als Mantelkonvektion bezeichnet wird. Dieser beschreibt das Phänomen, dass im Erdmantel flüssiges Gestein zirkuliert, wobei das heiße Material aus den tieferen Bereichen bis zu den Lithosphärenplatten aufsteigt, sich durch die Bewegung unter den Platten abkühlt, wieder absinkt, erneut aufgeheizt wird, um dann wieder aufzusteigen

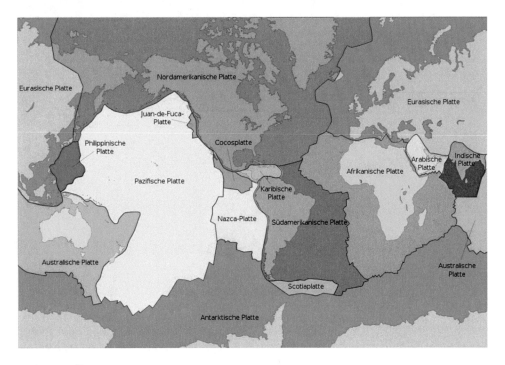

Abb. B-03: Übersicht der tektonischen Platten bzw. der Kontinentalplatten [12]

etc. pp. Die durch die Mantelkonvektion verursachte Bewegung der Kontinentalplatten an der Erdoberfläche wird auch als Plattentektonik bezeichnet. Diese lieferte den Wissenschaftlern erstmals eine einheitliche und anerkannte Theorie, um geologische Phänomene, wie z. B. Erdbeben, Vulkane, Kontinentaldrift und Gebirgsbildung zu erklären. Der Mantel mit seinen Konvektionsbewegungen und das darüberliegende Mosaik von Lithosphärenplatten bilden zusammen das System Plattentektonik. [1]

B-4 Minerale

Minerale sind die Baustoffe aller Gesteine. Sie entstehen durch den Prozess der Kristallisation, bei dem aus gasförmigen oder fluiden Phasen Festkörper gebildet werden. [1]

Marmor ist z. B. monomineralisch, weil dieser nur aus einem einzigen Mineral, dem Calcit besteht (Abb. B-04). Polymineralische Gesteine bestehen aus mehreren Mineralphasen bzw. Mineralarten [1]. Ein typischer Vertreter dieser Gesteine ist z. B. Granit (Abb. B-05).

Abb. B-04: Calcit [13]

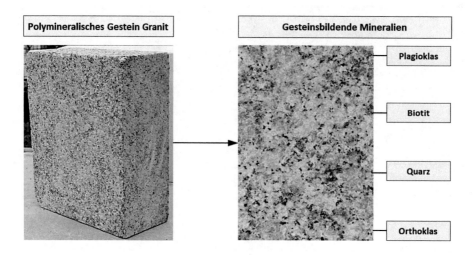

Abb. B-05: Granit

In der nachfolgenden Tabelle (Tab. B-01) sind einige der Minerale verzeichnet, die in den drei Gesteinsgruppen häufig vertreten sind. Bestimmte Minerale sind aufgrund ihrer speziellen Eigenschaften auch für die Baupraxis von Bedeutung.

So zeichnet sich das Mineral Quarz durch seine besondere Härte aus, es ritzt z. B. Glas. Die daraus resultierende Abrasivität führt zu einem hohen Verschleiß z. B. an Bohrwerkzeugen, die für den Vortrieb von Tunneln verwendet werden. Anhydrit wandelt sich unter Zugabe von Wasser in Gips um, was mit einer deutlichen Volumenzunahme verbunden ist. [3] Auch spezielle Tonminerale sind quellfähig. Volumenzunahme bzw. Quelldruck sind bei der Bauwerksplanung zu berücksichtigen.

Tab. B-01: Auswahl häufig auftretender Minerale, nach [1]

Sedimentgesteine	Metamorphe Gesteine	Magmatische Gesteine
Quarz	Quarz	Quarz
Feldspat	Feldspat	Feldspat
Tonminerale	Glimmer	Glimmer
Gips	Granat	Olivin
Calcit	Pyroxen	Pyroxen

Merke:
„Feldspat, Quarz und Glimmer, die drei vergess' ich nimmer."

B-5   Gesteine

Gesteine sind Gemenge aus festen Aggregaten, welche aus Mineralen, Bruchstücken von Mineralen oder Gesteinen, in einigen Fällen auch aus nichtmineralischer, also organischer Substanz wie z. B. Kohle oder Organismenresten zusammengesetzt sein können. Gesteinsbildende Minerale sind eindeutig zu identifizieren (Abb. B-05). [1]

Das Erscheinungsbild der Gesteine wird sowohl durch ihre Mineralogie, also dem Anteil ihrer wichtigsten Minerale, als auch durch ihr Gefüge bestimmt. Mit Gefüge bezeichnet man Größe, Form und räumliche Anordnung der Bestandteile eines Gesteins. [3]

Zur langfristigen Lösung von Geotechnik- oder Umweltproblemen wie z. B. die Einschätzung der Eignung des Untergrundes als Erdwärmespeicher oder Endlagerstätte, der Standsicherheit von Hängen und der Ergiebigkeit von Brunnen ist Wissen über die Entstehung der Gesteine, welche auch als Genese bezeichnet wird, erforderlich.

Die drei großen Gesteinsgruppen Magmatit, Sedimentgestein und Metamorphit werden in sehr unterschiedlichen Bereichen der Erde und durch eine Vielzahl geologischer Prozesse gebildet. [1] Die Entstehung kann anhand des sogenannten Gesteinskreislaufs anschaulich beschrieben werden (Abb. B-06).

Das abgekühlte und kristallisierte Magma, das sogenannte Magmatit gelangt durch Hebung an die Erdoberfläche, wo es dann verwittert, erodiert, durch verschiedene Medien transportiert und schließlich als Sediment bzw. Lockergestein abgelagert wird.

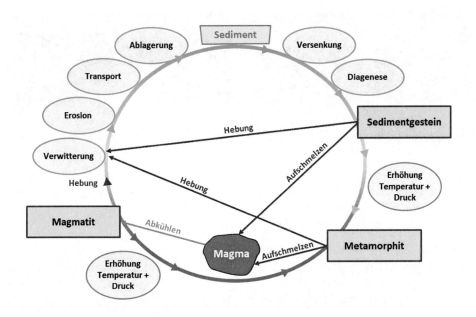

Abb. B-06: Entstehung der drei großen Gesteinsgruppen – Gesteinskreislauf

Diese Sedimente werden durch weitere überlagernde Sedimentschichten abgesenkt und zu Sedimentgestein (Festgestein) verfestigt. Die Absenkung in größere Tiefen hat zur Folge, dass die Festgesteine durch den zunehmenden Druck und die ansteigenden Temperaturen zu neuen Mineralen (Metamorphiten) rekristallisieren. Bei der weiteren Versenkung setzt schließlich wieder die Gesteinsschmelze (Magma) ein.

Magmatite (Abb. B-07) sind sog. Erstarrungsgesteine und entstehen durch die Kristallisation von Magma (griechisch mágma = geknetete Masse), also der Gesteinsschmelze. [1] Die chemischen Anteile in Form von Mineralen beginnen bei der Abkühlung der Gesteinsschmelze zu kristallisieren. Form und Größe der Kristalle hängen davon ab, wie schnell das Magma abkühlt. Je länger die Abkühlung dauert, desto größer sind die entstehenden Kristalle. [2]

Die Gruppe der Magmatite lässt sich in Pyroklasten, Effusivgesteine, Intrusivgesteine und Einsprenglinge unterteilen. [1] Magmatite sind aufgrund ihrer außerordentlich hohen Tragfähigkeit sehr gut als Baugrund geeignet. Bei Beanspruchung durch Bauwerkslasten erfahren diese so gut wie keine Zusammendrückung. [11]

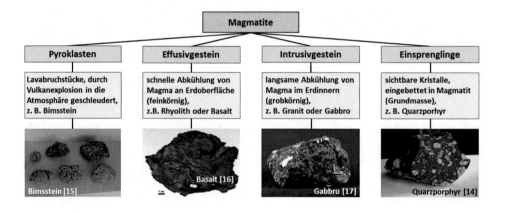

Abb. B-07: Übersicht Magmatite

Sedimente sind das Ausgangsmaterial von **Sedimentgesteinen** (Abb. B-06). Sie bilden sich im oberflächennahen Teilbereich des Kreislaufs der Gesteine und in Form von Schichten aus locker gelagerten Teilchen wie Sand, Schluff oder auch aus Skelett- und Schalenbruchstücken von Organismen.

Die einzelnen Sedimentbestandteile, wie z. B. Sandkörner oder auch Gerölle, entstehen durch Verwitterung und Erosion. Werden diese Sedimentschichten durch weitere Sedimente überdeckt, bildet sich durch den Prozess der Diagenese, also durch Kompaktion und Zementation das sog. Sedimentgestein. [1]

Aus den jeweiligen Sedimenten entstehen die entsprechenden Sedimentgesteine. Dabei werden in Abhängigkeit der Korngröße des Ausgangssedimentes Sedimentgesteine wie z. B. Tonstein, Schluff- bzw. Siltstein, Sandstein und Konglomerate unterschieden (Abb. B-08). Letztere bestehen aus abgerundeten Gesteinstrümmern. Weiterhin können Sedimentgesteine Fossilien enthalten. Bei günstiger Lagerung sind Sedimentgesteine als Baugrund grundsätzlich gut geeignet [11].

Tonstein [18]

Siltstein mit Fossil [19]   Sandstein im Elbsandsteingebirge [20]   Konglomerat [21]

Abb. B-08: Typische Sedimentgesteine

Da Sedimentgesteine aus Akkumulation und Verfestigung von mineralischen (Klasten), biogenen (Muschelschalen) Ablagerungen oder durch Ausfällungen chemischer Substanzen (z. B. Salz) entstanden sind, unterteilt man sie nach der Verwitterung in klastische, biogene und chemische Sedimente bzw. Sedimentgesteine. [1]

Sedimente werden außerdem hinsichtlich Transport und Ablagerung bzw. Sedimentation in äolische (Wind), fluviatile (Fluss), glaziale (Gletscher), limnische (See), palustrine (Sumpf oder Moor) sowie marine (Meer) Sedimente unterschieden. Die Eigenschaften von Sedimenten (Lockergesteinen) werden dabei nicht ausschließlich durch deren Entstehung, sondern gleichermaßen durch die Art und Weise des Transportes bzw. der Ablagerung beeinflusst.

In Seen lagern sich i. d. R. feinkörnige und organische Sedimente ab. Letztere werden als Mudden bezeichnet. Limnische Sedimente sind aufgrund ihrer geringen Tragfähigkeit als Baugrund weniger geeignet.

Typische Vertreter für fluviatile Sedimente sind je nach Fließgeschwindigkeit bzw. Transportenergie des Flusses Ton, Schluff, Sand, Kies oder Schotter. Fluviatile Sedimente sind u. a. gut klassiert und lassen sich deshalb gut verdichten.

Im Gegensatz dazu lassen sich äolische Sedimente, z. B. Löss, Schluff oder Dünensand, nur schlecht verdichten, denn, diese weisen aufgrund der begrenzten Transportenergie von Wind sehr geringe und vor allem gleichförmige Korngrößen auf.

Typische Vertreter der glazialen Sedimente sind Geschiebemergel (kalkhaltig) bzw. Geschiebelehm (kalkfrei), die Ton, Schluff, Sand, Kies sowie Steine, Blöcke und Findlinge (vgl. Kap.B-8) enthalten. Glaziale Sedimente weisen grundsätzlich eine gute Tragfähigkeit auf. Problematisch ist jedoch die Wasserempfindlichkeit dieser Sedimente, welche auf deren geringer Plastizität (vgl. Kap. E-3.2.6) beruht.

Metamorphite (griech. metamorphóo = umgestalten) bilden sich tief im Erdinneren unter dem Einfluss von hohen Temperaturen und Drücken. Dabei ändern sich der Mineralbestand, die chemische Zusammensetzung und das Gefüge ohne Beteiligung von Verwitterungs- oder Verfestigungsvorgängen. Gesteine rekristallisieren, Wassergehalt und Porenraum verringern sich und bei ca. 150°C bis 200°C setzt i. d. R. die Neubildung von Mineralen ein.

Metamorphite entstehen aus allen Gesteinsarten, aus Sandstein bildet sich z. B. Quarz, aus Kalkstein wird Marmor. [2] Welche Metamorphite entstehen, hängt grundsätzlich vom Metamorphosegrad (Abb. B-09), also von Intensität und Art der Metamorphose ab. So entstehen aus dem Sedimentgestein Tonschiefer mit zunehmendem Metamorphosegrad z. B Phyllit und Gneis. [1] Sämtliche Gesteine aus der Gruppe der Metamorphite sind aufgrund der beschriebenen Genese sehr gut als Baugrund geeignet [11].

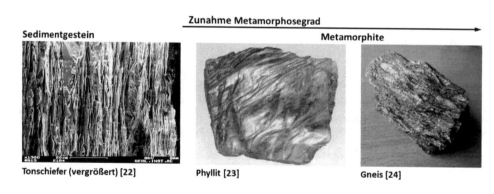

Abb. B-09: Metamorphite verschiedener Metamorphosegrade

B-6 Baugrund Gebirge (Festgestein)

B-6.1 Gestein, Gebirge und Trennflächengefüge

Wie das Gestein auf eine Einwirkung beispielsweise durch den unterirdischen Vortrieb eines Tunnels oder den Bau einer Baugrube reagiert, hängt im Einzelnen von der Gesteinsart und dem Trennflächengefüge ab.

In Abhängigkeit von der räumlichen Lage der Trennflächen oder Klüfte besteht weiterhin die Möglichkeit, dass sich durch Vortrieb oder Aushub Gesteinsblöcke lösen und in den Tunnel oder die Baugrube gleiten (Abb. B-10). Um dies zu vermeiden, müssen die entsprechenden Bauwerke seitlich gesichert werden. Die erforderliche Sicherung kann dabei in Abhängigkeit von der potenziellen Bewegungsrichtung der Blöcke unterschiedlich stark ausfallen. Im Gebirge wirken Gesteinsschichten, Trennflächen, Klüfte und Wasser zusammen, sodass die Eigenschaften des Gebirges i. d. R. richtungsabhängig (anisotrop) sind. Auch führt das Trennflächengefüge beispielsweise dazu, dass die Gebirgsfestigkeit wesentlich kleiner als die Gesteinsfestigkeit ist.

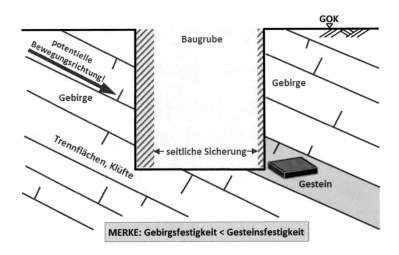

Abb. B-10: Bedeutung der räumlichen Trennflächenlage für eine Baugrube, in Anlehnung an [2]

B-6.2   Räumliche Lage von Trennflächen

Die qualifizierte Benennung und Beschreibung von Festgestein (Fels) inklusive der räumlichen Lage von Trennflächen und Klüften ist, wie aus Abbildung B-10 anschaulich hervorgeht, für eine erfolgreiche Planung einer Baumaßnahme zwingend notwendig.

Die Lage von geneigten Trennflächen im Raum, welche für die Planung besonders wichtig ist, wird durch Streichen und Fallen definiert (Abb. B-11). Diese Informationen sind durch Messungen mit dem Gefügekompass im Gelände zu bestimmen. [3] Mit Streichen wird allgemein die Richtung der gedachten Schnittlinie der Trennfläche mit der horizontalen Ebene bzw. mit der Kartenebene bezeichnet. Unter der Bezeichnung Fallen werden der Fallwinkel und die Fallrichtung einer Trennfläche zusammengefasst.

In Abbildung B-12 ist das Prinzip der qualifizierten Angabe der räumlichen Lage einer Trennfläche an einem Beispiel veranschaulicht. Die Streichrichtung σ gibt dabei die konkrete Abweichung der gedachten Schnittlinie zwischen Trennfläche und Kartenebene von der Nordrichtung (hier $\sigma = 30°$) an.

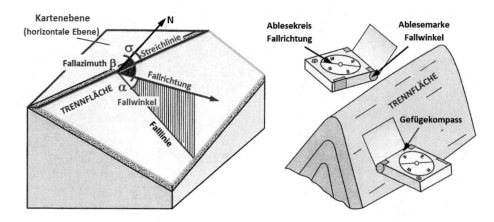

Abb. B-11: Streichen, Fallen und Gefügekompass, verändert nach [7]

Der Winkel zwischen der Trennfläche, auf welcher die Falllinie verläuft, und der Kartenebene wird als Fallwinkel α (hier $\alpha = 70°$) bezeichnet.

Die Richtung, in welche die Trennfläche einfällt, ist die Fallrichtung. Diese verläuft horizontal und senkrecht bzw. im Winkel von 90° zur Streichlinie. In Abhängigkeit der verwendeten Notation erfolgt die Angabe mit der Himmelsrichtung, hier z. B. NW oder durch den Fallazimuth β, das ist die Abweichung der Fallrichtung von Nord, entsprechend mit $\beta = 300°$. Dieser Fallazimuth ergibt sich für das Beispiel also aus der Streichrichtung ($\sigma = 30°$) plus dem Winkel, der zwischen Streich- und Fallrichtung (180°+ 90°) eingeschlossen ist (Abb. B-12).

Die Lage einer Trennfläche kann in der geologischen Notation (Streichrichtung σ / Fallwinkel α und Fallrichtung: 30 / 70 / NW), aber auch in der Gefügenotation (Fallazimuth β / Fallwinkel α: 300 / 70) angegeben werden (Abb. B-12).

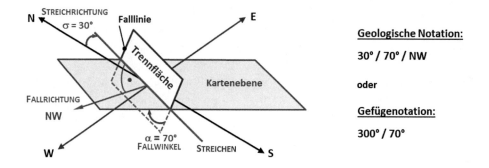

Geologische Notation:

30° / 70° / NW

oder

Gefügenotation:

300° / 70°

Abb. B-12: Angabe der Lage einer Trennfläche im Raum (Beispiel)

B-7 Gesteinslagerungsverhältnisse

Neben der qualifizierten Benennung und Beschreibung von Fels und Trennflächengefüge ist es für ingenieurmäßige Zwecke auch wichtig, Lagerungsverhältnisse erkennen
und einordnen zu können.

Für die Lagerungsverhältnisse von Sedimentschichten kann grundsätzlich davon ausgegangen werden, dass die flächenartig abgelagerten unteren Schichten bzw. die
Schichten „im Liegenden" älter sind als die oberen Schichten. Letztere werden auch
Schichten „im Hangenden" genannt. Allerdings kann es Abweichungen von dieser Regel geben, für die z. B. tektonische Vorgänge ursächlich sein können.

Berücksichtigt werden muss auch, dass sich Abweichungen von der horizontalen Lage
ergeben können. Verringert sich die Schichtmächtigkeit bis zum gänzlichen Verschwin-
den (Abb. B-13), spricht man von „ausbeißenden" oder „auskeilenden" Schichten [4].
Auskeilende Schichten können zu ungleichmäßigen Setzungen von Bauwerken führen.

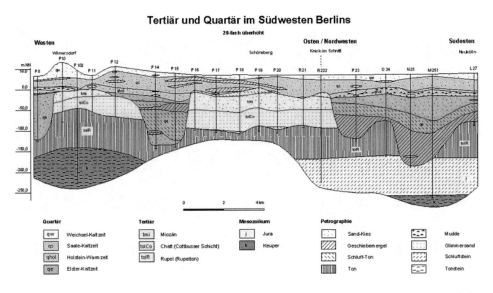

Abb. B-13: Geologisches Profil durch das Tertiär und Quartär im Südwesten von Berlin [9]

B-8 Lokale Geologie und lokaler Baugrund am Beispiel von Berlin

Um die Eignung des Untergrundes als Baugrund für ein potentielles Bauvorhaben
einschätzen zu können, sind dessen Eigenschaften zu erkunden. Im Vorfeld der Planung
von geeigneten Erkundungsprogrammen bzw. geotechnischen Untersuchungen ist es
unerlässlich, alle bereits vorhandenen Angaben zum Untergrund im zu bebauenden
Gebiet zusammenzustellen und auszuwerten.

Im Allgemeinen sind Informationen zu örtlichen Gegebenheiten (u. a. Zuwegbarkeit, Befahrbarkeit, Wasser, Bewuchs), zur Form der Geländeoberfläche mit Geländehöhen, also mit Höhen, Tiefen bzw. Neigungen (Topografie) und zu den lokalen geologischen Verhältnissen zu beschaffen. Konkret sind dazu Ortsbegehungen und Recherchen anhand von diversem Kartenmaterial sowie behördlichen Datensammlungen durchzuführen.

Auf der Grundlage der Ergebnisse dieser sogenannten Voruntersuchungen ist es dann möglich, ein in fachlicher und wirtschaftlicher Hinsicht optimiertes Erkundungsprogramm zu konzipieren und auszuführen.

Einen ersten Überblick über die lokal zu erwartenden geologischen Systeme erhält man beispielsweise aus Geologischen Karten. Für Berlin findet man diese in verschiedenen Maßstäben u. a. im Online-Geodatenkatalog „FIS Broker", der von der Berliner Senatsverwaltung kostenfrei zur Verfügung gestellt wird.

⇨ http://www.stadtentwicklung.berlin.de/geoinformation/fis-broker/index.shtml

So ist der Baugrund in Berlin durch die Sedimente der glazialen Serie bzw. glazialen Sedimente geprägt (Abb. B-14). Daher zählen neben Sanden und Kiesen sowohl kalkhaltige Geschiebemergel als auch kalkfreie Geschiebelehme zu den typischen Bodenarten.

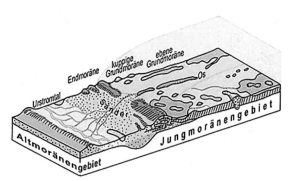

Abb. B-14: Glaziale Serie [5]

Beim Abschmelzen des Gletschereises setzten sich Blöcke, Gerölle, Sand, Schluff und Ton ab. Diese heterogene Mischung mit großem Korngrößenspektrum ist typisch für glaziale Sedimente und wird im Allgemeinen als Geschiebe bezeichnet.

Typisch für Berlin sind darüberhinaus die Findlinge, die z. B. bei Gründungsarbeiten für die Bebauung des Potsdamer Platzes angetroffen wurden. [6] Findlinge, die in der Geologie auch als erratische Blöcke bezeichnet werden, sind große Felsblöcke, welche durch die Eismassen aus ihren ursprünglichen Herkunftsgebieten häufig in entfernte Gebiete abtransprotiert und abgelagert worden sind. Aufrund dessen unterscheiden sich die Gesteinsarten der Findlinge von den in den Ablagerungsgebieten vorkommenden Fest- oder Lockergesteinen [1].

Geschiebemergel oder Geschiebelehm, welche die Moränen (z. B. Grund- und Endmoräne) der glazialen Serie bilden, sind sowohl ungeschichtet als auch unsortiert und enthalten Korngößen, deren Bandbreite von tonigen Anteilen bis hin zu großen Blöcken reicht.

Die durch das Schmelzwasser aufgenommenen und abtransportierten Materialien, die überwiegend aus Sanden und Kiesen bestehen, sind dagegen gut sortiert und bilden die Sander der glazialen Serie. [1]

Mit Urstromtal werden breite Talniederungen bezeichnet, die durch das Abfließen der Schmelzwasser von den Sanderflächen entstanden sind. Typische Ablagerungen sind hier grobe bis feine Sande, z. T. auch Kiese und Schluffe. [8] Die Korngrößen hängen dabei von den aufgetretenen Fließgeschwindigkeiten ab.

In Bereichen von Seen und Teichen lagerte sich das feinste Material (Schluffe und Tone) ab. Da es zwischen den Eiszeiten wärmere Intervalle gab, bildeten sich weitere mineralische und auch organische Böden. [6]

Abbildung B-15 zeigt die geomorphologische Unterteilung von Berlin, die durch die Barnimhochfläche und die Teltowhochfläche, welche aus Geschiebemergel und/oder Geschiebelehm der Moränen bestehen, gekennzeichnet ist. Weiterhin sind verschiedene Hochflächen aus Sand (Sander) sowie das Warschau-Berliner Urstromtal im Hinblick auf die Geomorphologie von Berlin zu unterscheiden. Die Geomorphologie ist der Zweig der Geowissenschaften, der sich mit den Relifformen der Erde bzw. den Formen der Erdoberfläche und deren Entwicklung auseinandersetzt [1].

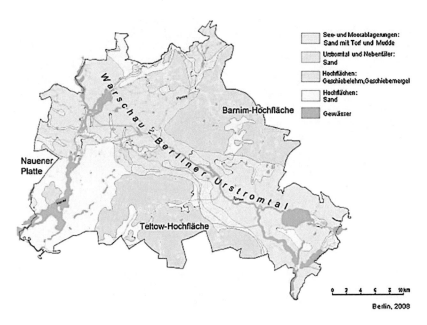

Abb. B-15: Naturräumlich – geomorphologische Unterteilung von Berlin [10]

B-9   Checkpoint (B)

(1)   Aus welchen konzentrischen Schalen ist die Erde aufgebaut?

(2)   Welche dieser Schalen bzw. welcher Bereich ist für die Geotechnik von Bedeutung?

(3)   Wie wird die heute anerkannte Gebirgsbildungstheorie genannt?

(4)   Durch welchen Mechanismus bewegen sich die Kontinentalplatten an der Erdoberfläche? Erläutern Sie diesen kurz.

(5)   Welches sind die häufigsten festgesteinsbildenden Minerale?

(6)   Erläutern Sie, was mono- und polymineralische Gesteine sind und geben jeweils ein Beispiel an.

(7)   Was sind die besonderen Eigenschaften von Quarz, Gips und Tonmineralien?

(8)   Wie sind die drei großen Gesteinsgruppen entstanden?

(9)   Nennen aus jeder Gesteinsgruppe beispielhaft ein konkretes Gestein.

(10) Hinsichtlich Transport sowie Sedimentation werden äolische, glaziale, fluviatile, limnische, palustrine und marine Sedimente unterschieden. Was bedeuten diese Bezeichnungen?

(11) Nennen Sie jeweils einen Vertreter aus der Gruppe der äolischen, der glazialen, der limnischen und der fluviatilen Sedimente inklusive einer maßgeblichen bodenmechanischen Eigenschaft.

(12) Erläutern Sie den Unterschied zwischen Gebirge und Gestein sowie zwischen Gebirgs- und Gesteinsfestigkeit?

(13) Wozu wird die räumliche Lage von Trennflächen bei der Planung von Bauwerken im Festgestein benötigt?

(14) Wie wird die räumliche Lage von Trennflächen angegeben? Was wird im Einzelnen mit der geologischen Notation 40 °/40 °/SE beschrieben? Skizzieren Sie diese räumliche Lage und wandeln die geologische Notation in die Gefügenotation um.

(15) Erläutern Sie, was man unter auskeilenden oder ausbeißenden Schichten versteht. Warum sind derartige Schichten für die Gründung eines Bauwerks problematisch?

(16) Welche Sedimente sind typisch für den Berliner Baugrund?

(17) Beschreiben Sie, was ein Geschiebemergel ist.

(18) Worin besteht der Unterschied zwischen Geschiebemergel und Geschiebelehm?

(19) Welche Informationen sind im Vorfeld der Planung von geotechnischen Untersuchungen zu beschaffen? Erläutern Sie kurz, aus welchen Quellen man diese beziehen kann.

B-10 Literatur (B)

[1] Grotzinger, Jordan (2017): Press/Siever „Allgemeine Geologie", 7. Aufl., Springer Verlag Berlin Heidelberg

[2] Engel, Lauer (2010): Einführung in die Boden- und Felsmechanik – Grundlagen und Berechnungen, 1. Aufl., Carl Hanser Verlag

[3] Feeser, V. (1983): Einführung in die Geologie für Bauingenieure- Institut f. Geologie und Paläontologie, Technische Universität Braunschweig

[4] Murawski, H., Meyer, W. (2010): Geologisches Wörterbuch, 12. Aufl., Springer Spektrum

[5] Sonntag, A. (2005): Karte der an der Oberfläche anstehenden Bildungen mit Darstellung ausgewählter Geotope und geologischer Objekte - Landkreis Uckermark mit Beiheft, (4) - Kleinmachnow/Potsdam.

[6] Schröder et al. (2006): Führer zur Geologie von Berlin und Brandenburg, Nr. 6, Selbstverlag Geowissenschaftler in Berlin und Brandenburg e.V.

[7] Wallbrecher, E. (1986): Tektonische und gefügeanalytische Arbeitsweisen, Enke Stuttgart

[8] Schröder et al. (2010): Naturwerksteine aus dem Campus der TU Berlin, Selbstverlag Geowissenschaftler in Berlin und Brandenburg e.V.

[9] Senatsverwaltung für Umwelt und Stadtentwicklung, http://www.berlin.de/sen-uvk/umwelt/wasser/geologie/de/aufbau.shtml, Abruf 06.09.2017

[10] Senatsverwaltung für Umwelt und Stadtentwicklung, http://www.stadtentwick-lung.berlin.de/umwelt/umweltatlas/d117_04.htm, Abruf 06.09.2017

[11] Simmer (1994): Grundbau 1, Bodenmechanik, Erdstatische Berechnungen, 19. Aufl. B.G. Teubner, Stuttgart

[12] Ævar Arnfjörð Bjarmason, File: Tectonic plates.png, Wikimedia Commons; Download 24.03.2021

[13] Robert M. Lavinsky, File: Calcite-67881.jpg, Wikimedia Commons; Download 24.03.2021

[14] Mike Norton, File: Qtz porphyry.JPG, Wikimedia Commons; Download 24.03.2021

[15] Olaf Tausch, File: Sitia Museum Bimsstein 02.jpg, Wikimedia Commons; Download 24.03.2021

[16] Jstuby, File: Ice Springs basalt is1.jpg, Wikimedia Commons; Download 24.03.2021

[17] Tano4595, File: Gabbro.jpg, Wikimedia Commons; Download 24.03.2021

[18] Tiia Monto, File: Tonstein.jpg, Wikimedia Commons; Download 24.03.2021

[19] Gretarsson, File: Lower Permian fern leaves.jpg, Wikimedia Commons; Download 24.03.2021

[20] Lysippos, File: Tyssaer waende, rock labyrinth.jpg, Wikimedia Commons; Download 24.03.2021

[21] By BeeKaaEll, File: Holzer Konglomerat nah.JPG, Download 24.03.2021

[22] Diorit, File: Schiefer2001.jpg, Download 24.03.2021

[23] Francisco Ruiz, File: Gneis.jpg, Download 24.03.2021

[24] Chadmull, File: Phyllit Hormersdorf.jpg, Download 24.03.2021

C   Boden (Lockergestein) – Unterscheidungskriterien, Benennen und Beschreiben, Wasser im Boden

C-1   Unterscheidungskriterien

Als Baugrund werden Locker- und Festgestein (Boden und Fels) unterschieden. Unter dem Begriff Lockergestein werden natürlich entstandene **mineralische und organische Böden sowie künstlich hergestellte Haufwerke** (Baustoffe, z. B. Schotter oder Splitt) zusammengefasst. In Abbildung C-01 sind alle nachfolgend erläuterten Bodenarten in einer systematischen Übersicht zusammengefasst.

C-1.1   Korngrößen

Boden ist ein System aus Festmasse bzw. Bodenpartikeln und Poren, die zu verschiedenen Anteilen mit Luft oder Wasser gefüllt sein können. Bei Bodenteilchen, die kleiner als 0,06 mm sind, treten in Verbindung mit Wasser Oberflächenkräfte auf, die auf elektrostatischen Anziehungskräften beruhen und ein Aneinanderhaften der Bodenpartikel, die sog. Kohäsion bewirken (vgl. Kapitel C-4.3). Da die Kohäsion das mechanische Verhalten eines Bodens beeinflusst, unterscheidet man in nicht kohäsive bzw. nichtbindige und kohäsive bzw. bindige Böden. Weil das Verhalten eines mineralischen Bodens also generell durch die Partikelgröße beeinflusst wird, werden Böden außerdem in grobkörnige und feinkörnige Böden unterteilt.

Nichtbindigen Böden (nbB), welche aus Gesteinstrümmern unterschiedlicher Größe bestehen, sind Steine, Kiese und Sande hinzuzurechnen. Da deren Bodenpartikel größer als 0,06 mm sind, wirkt keine Anziehungskraft bzw. keine Kohäsion zwischen den einzelnen Körnern. Aufgrund dessen bilden nichtbindige Böden eine unzusammenhängende räumliche Einzelkornstruktur (vgl. Kapitel E-1.1). Die betreffenden Bodenkörner weisen kantige bis gerundete Formen auf und verändern sich im Wasser nicht. Nichtbindige Böden sind nicht plastisch, d. h. die sind nicht formbar. Da die Einzelkörner dieser Böden mit bloßem Auge deutlich zu erkennen sind, bezeichnet man nichtbindige Böden auch als **grobkörnige Böden**.

Bindige Böden (bB), die Bodenteilchen aufweisen, welche kleiner als 0,06 mm sind, schließen die Bodenarten Ton und Schluff ein. Aufgrund der oben beschriebenen Anziehungskräfte zwischen den Partikeln (Kohäsion) liegen bindige Böden in zusammenhängenden räumlichen Strukturen (vgl. Kapitel E-1.1) vor. Sie weisen plastische Eigenschaften auf, sind also formbar. Weiterhin ist ihre Zustandsform (Konsistenz) abhängig vom Wassergehalt. Die Konsistenz ein und desselben Bodens (z. B. Ton) kann durch viel Wasser beispielsweise flüssig, aber in ausgetrocknetem Zustand fest sein. Man bezeichnet bindige Böden auch als **feinkörnige Böden**, da sich die Partikel von Ton und Schluff mit bloßem Auge nicht mehr erfassen lassen.

Ein Boden wird als **gemischtkörnig** bezeichnet, wenn er sowohl grob- als auch feinkörnige Bestandteile enthält. Das Spektrum der Korngrößen dieser Böden kann damit von Ton bis Kies reichen. Geschiebemergel und Geschiebelehm sind typische Beispiele für diese Böden. Sie haben meist eine geringere Plastizität als feinkörnige Böden und sind in Abhängigkeit des Feinkornanteils bindig oder auch schwach bindig.

C-1.2   Organische Bestandteile

Organische Bestandteile können Substanzen pflanzlichen oder tierischen Ursprungs sein. Ein **organischer Boden** liegt vor, wenn die organischen Bestanteile vorherrschen. Reine organische Böden sind z. B. Torf, Humus oder Mudde. Überwiegt bei Böden, die organische und mineralische Bestandteile aufweisen, der mineralische Anteil, werden diese Böden als organisch verunreinigte bzw. **organogene Böden** bezeichnet (z. B. Wiesenkalk, Seekreide oder Klei). Da Mutterboden, also die oberste Bodenschicht, aus mineralischen Bestandteilen (Kies, Sand, Schluff, Ton) sowie aus Humus und Lebewesen zusammengesetzt ist, zählt er ebenfalls zu den organogenen Böden.

C-2   Eignung als Baugrund/Baustoff

Nichtbindige (nbB) bzw. grobkörnige Böden sind gut als Baugrund geeignet, solange sie nicht locker oder sehr locker gelagert sind. Sie bilden ein gut tragfähiges Korngerüst mit Poren, die Wasser gut ableiten. Wasser beeinflusst die Eigenschaft von nbB daher nur in geringem Maße. Die Setzungen sind gering (mm) und unmittelbar nach der Lastaufbringung beendet. Die Verdichtbarkeit hängt von der Variation der Korngrößen ab.

Bindige (bB) bzw. feinkörnige Böden mit einer mindestens steifen Konsistenz können als tragfähig bezeichnet werden. Die Tragfähigkeit dieser Böden hängt also vom Wassergehalt ab. Bei hohen Wassergehalten (z. B. breiige Konsistenz) sind die Setzungen größer als bei niedrigeren Wassergehalten (z. B. halbfeste Konsistenz). Da bB das Wasser nur langsam ableiten, dauern die Setzungen sehr lange an. Auch Verdichtbarkeit und Verarbeitbarkeit hängen von Kornaufbau und Wassergehalt ab.

Gemischtkörnige Böden können infolge des hohen Eisdrucks der Gletscher von großer Festigkeit sein und sind grundsätzlich gut als Baugrund geeignet. Jedoch sind diese Böden aufgrund der oft schwachen Bindigkeit bzw. der geringen Plastizität sehr wasserempfindlich, d. h., bereits bei geringer Änderung des Wassergehalts ändert sich die Konsistenz und damit u. U. die Tragfähigkeit des Bodens. Außerdem können die enthaltenen Steine und Blöcke die Gründungsarbeiten erschweren.

Organische Böden weisen grundsätzlich ungeeignete bautechnische Eigenschaften auf (vgl. Kapitel E-2.3.2). Die organische Substanz kann viel Wasser aufnehmen. Das ist problematisch, weil sich Böden mit hohen Wassergehalten stark setzen. Weiterhin zersetzen sich die organischen Anteile über die Zeit, sodass Hohlraumbildungen und ungleichmäßige Setzungen auftreten. **Organogene Böden** sind bedingt geeignet.

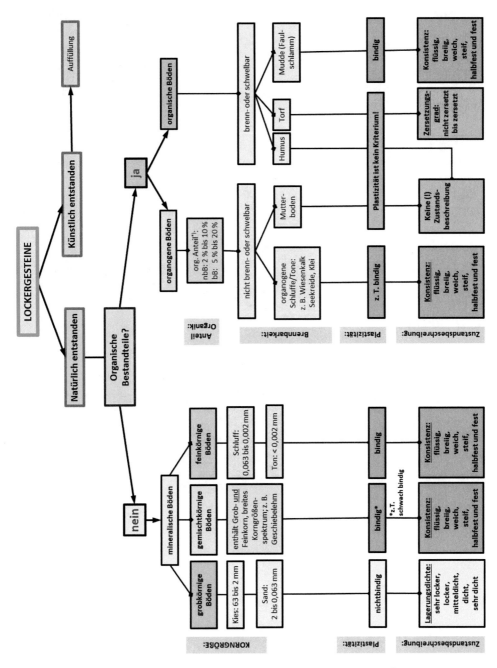

Abb. C-01: Systematik zur Unterscheidung und Benennung sowie Beschreibung von Locker-gesteinen, zusammengestellt aus Angaben gem. DIN EN ISO 14688-1, DIN 18196, DIN 1054

C-3   Benennen und Beschreiben von Boden nach DIN EN ISO 14688-1

Die Benennung und Beschreibung von Boden ist durch die DIN EN ISO 14688-1 international genormt. Mit der Benennung wird dem Boden unter Berücksichtigung von z. B. Korngrößen oder organischen Anteilen ein Name zugeordnet. Mit der Beschreibung wird der Stoffzustand (Lagerungsdichte, Konsistenz) erfasst.

Mit Hilfe der genormten Bezeichnung lassen sich Bodenproben aus unterschiedlichen Tiefen und z. T. unterschiedlichen Aufschlüssen einer Bodenschicht zuordnen bzw. zu einer Bodenschicht zusammenfassen. Dieser müssen dann letztlich Kennwerte für die geotechnischen Berechnungen zugewiesen werden.

Gem. DIN EN ISO 14688-1 werden folgende Böden nach dem Durchmesser der Korngrößenbereiche unterschieden (Tab. C-01).

Tab. C-01: Kennzeichnung, Benennung und Kurzzeichen der Korngrößenbereiche gemäß DIN EN ISO 14688-1

Bezeichnung	Benennung	Kurzzeichen	Korngrößen d in mm
Sehr grobkörnige Böden	Großer Block (Large Boulder)	LBo	>630
	Block (Boulder)	Bo	>200 bis 630
	Stein (Cobble)	Co	>63 bis 200
Grobkörnige Böden	Kies (Gravel)	Gr	>2,0 bis 63
	Grobkies (coarse)	CGr	>20 bis 63
	Mittelkies (middle)	MGr	>6,3 bis 20
	Feinkies (fine)	FGr	>2,0 bis 6,3
	Sand	Sa	>0,063 bis 2
	Grobsand	CSa	>0,63 bis 2
	Mittelsand	MSa	>0,2 bis 0,63
	Feinsand	FSa	>0,063 bis 0,2
Feinkörnige Böden	Schluff (Silt)	Si	>0,002 bis 0,063
	Grobschluff	CSi	>0,02 bis 0,063
	Mittelschluff	MSi	>0,0063 bis 0,02
	Feinschluff	FSi	>0,002 bis 0,0063
	Ton (Clay)	Cl	< 0,002

Welcher Boden vorliegt, wird mit Hilfe von Feldversuchen und bodenmechanischen Laborversuchen bestimmt. Anhand von Feldversuchen wird der Boden schnell und direkt im Gelände, also während der Baugrunderkundung, benannt und beschrieben. Dieser, auch als Bodenansprache bezeichneter Vorgang erfolgt durch visuelle und verschiedene manuelle Versuche.

Hinweis:

Die Benennung und Beschreibung erfolgt nach DIN EN ISO 14688-1. Im folgenden Kapitel wurden Hinweise aus der zurückgezogenen DIN 4022-1 ergänzt, da diese für die Bodenansprache nach wie vor hilfreich und sehr anschaulich sind.

C-3.1 Visuelle Versuche

Weil die Einzelkörner mit bloßem Auge zu erkennen sind, kann bei grobkörnigen Böden die Korngröße visuell, also durch Anschauen erfasst werden. Die Korngrößen werden dazu mit der Größe verschiedener Dinge des täglichen Lebens wie z. B. der Größe von Gries, Streichholzköpfen, Erbsen, Hühnereiern oder auch eines Kopfes verglichen.

In Abbildung C-02 sind die manuellen und visuellen Versuche jeweils den relevanten Korngrößen und damit den entsprechenden Bodenarten zugeordnet.

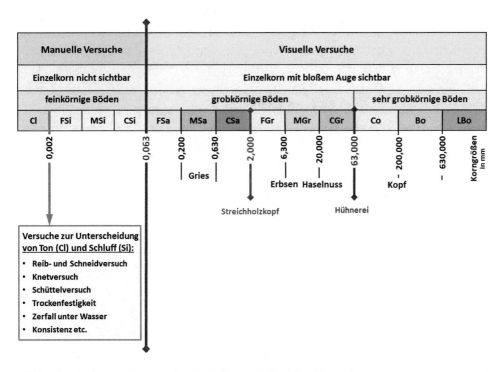

Abb. C-02: Bodenansprache mit manuellen und visuellen Versuchen

C-3.2   Manuelle Versuche

Gem. DIN EN ISO 14688-1 verwendet man zur Benennung und Beschreibung feinkörniger Böden sogenannte manuelle Versuche, da sich die Bodenteilchen, wie bereits erwähnt, mit bloßem Auge nicht mehr erkennen und unterscheiden lassen (Abb. C-02).

Auswaschversuch

Sowohl Dauer als auch Intensität des Auswaschvorganges erlauben Rückschlüsse auf Art und Anteil des Feinkornanteils. So erfordert der Auswaschvorgang bei Ton eine größere Intensität als bei Schluff. Je größer der Feinkornanteil, desto länger dauert der Auswaschversuch. Mit Hilfe der visuellen Versuche lässt sich dann der vom Feinkornanteil saubergewaschene Grobkornanteil benennen.

Schneid- und Reibversuch (Griffigkeit und Verhalten an Luft)

Die glänzende Schnittfläche einer erdfeuchten Probe deutet auf Ton hin. Charakteristisch für Schluff sind stumpfe Schnittflächen. Durch Zerreiben der Probe zwischen den Fingern kann der Sand-, Schluff- und Tonkornanteil abgeschätzt werden. Sandkörner fühlen sich rau an oder knirschen.

Feuchter Boden ist auf dem Handrücken oder zwischen den Fingern zu verschmieren. Während dieses Vorgangs ist zu beobachten, dass Schluff schneller trocknet als Ton.

Ton fühlt sich beim Zerreiben zwischen den Fingern eher fettig oder seifig an, bleibt dabei an den Fingern kleben und lässt sich im trockenen Zustand nur durch Abwaschen entfernen. Werden schluffige Böden zwischen den Fingern verrieben, hinterlassen sie einen mehligen Eindruck an. Die Schluffpartikel, die an den Fingern haften, lassen sich in trockenem Zustand durch Aneinanderklatschen der Hände oder Wegpusten leicht entfernen. Sie neigen dabei zur Staubbildung.

Verhalten im Wasser (Zerfall unter Wasser)

Bei diesem Versuch ist aus dem Boden eine Kugel zu formen und in ein Glas mit Wasser zu legen. Dabei ist zu beobachten, dass Ton unter Wasser sehr langsam, Schluff dagegen sehr schnell zerfällt.

Kohäsion

Man formt aus einer Bodenprobe eine Kugel mit einem Durchmesser von 25 mm und drückt diese zwischen den Fingern zusammen. Die Tonkugel verformt sich plastisch, ohne dabei zu zerbrechen. Die Kugel aus Schluff zerbröckelt hingegen eher als sich plastisch zu verformen.

Trockenfestigkeit

Der Widerstand einer getrockneten Probe von fester Konsistenz gegen Zerdrücken gibt Hinweise auf die Trockenfestigkeit des Bodens, welche durch die Art und Menge des Feinkornanteils bedingt ist. So lässt sich getrockneter Ton im Gegensatz zu Schluff nicht mit den Fingern zerdrücken.

Knetversuch (Zähigkeit, Plastizität)

Beim Knetversuch wird eine kleine Probenmenge zu 3 mm dicken Rollen ausgerollt, danach zu einem Klumpen geformt, geknetet und erneut ausgerollt. Dieser Vorgang ist so lange zu wiederholen, bis die Probe aufgrund der Verringerung des Wassergehaltes nur noch geknetet, aber nicht mehr ausgerollt werden kann. Lässt sich aus den Walzen kein zusammenhängender Klumpen mehr bilden, handelt es sich um einen gering plastischen Boden (z. B. sandiger Schluff). Kann man den Klumpen auch mit erhöhtem Druck kneten, ohne dass er zerbröckelt, ist der Boden ausgeprägt plastisch (Ton oder schluffiger Ton).

Schüttelversuch

Eine breiige bis weiche Probe wird bei diesem Versuch in der Hand geschüttelt, damit das Porenwasser an die Oberfläche tritt. Bei Schluff oder sandigem Schluff tritt das Wasser schnell aus, die Oberfläche glänzt. Durch leichten Fingerdruck verschwindet das Wasser wieder. Eine langsame Reaktion deutet auf tonigen Schluff hin. Wird kein Wasseraustritt festgestellt, handelt es sich um Ton.

In Tabelle C-02 ist das typische Verhalten von Schluff und Ton bei einigen von den hier beschriebenen manuellen Versuchen noch einmal zusammengefasst.

Tab. C-02: Auswahl manueller Versuche zur Benennung und Beschreibung feinkörniger Böden zur Unterscheidung von Schluff und Ton, in Anlehnung an DIN EN ISO 14688-1

Manuelle Versuche	Schluff (Si)	Ton (Cl)
Schneidversuch (Schnittfläche)	stumpf	glänzend, glatt
Reibversuch	mehlig, weich	seifig, fettig
Zerfall unter Wasser	schnell	langsam
Trockenfestigkeit	gering	groß
Schüttelversuch (Reaktion)	schnell	keine
Knetversuch (Zähigkeit, Plastizität)	nicht bis leicht plastisch	ausgeprägt (hoch) plastisch

Bestimmung der Konsistenz [2]

breiig: Beim Zusammendrücken der Faust quillt breiiger Boden durch die Finger heraus. In Boden mit breiiger Konsistenz lässt sich die Faust leicht hineindrücken.

weich: Ein weicher Boden lässt sich leicht kneten. Ein Boden ist weich, wenn sich der Daumen leicht in diesen hineindrücken lässt.

steif: Boden mit steifer Konsistenz lässt sich schwerer kneten, aber leicht zu 3 mm dicken Walzen auszurollen, ohne dabei zu zerbröckeln. In steifem Boden hinterlässt der Daumen Spuren, und ist nur mit großem Druck einzupressen.

halbfest: Halbfester Boden zerbröckelt beim Ausrollen zu 3 mm starken Walzen, kann aber erneut zu Klumpen geformt werden. Eine halbfeste Konsistenz weist ein Boden auf, wenn sich dieser mit dem Fingernagel leicht (ab)kratzen lässt.

fest: Fester Boden lässt sich nicht mehr kneten, sondern nur noch zerbrechen und danach nicht mehr zusammenfügen. Er ist ausgetrocknet und sieht i. d. R. hell aus. Auch lässt er sich mit dem Fingernagel kaum noch (ab) kratzen.

Beschreibung des organischen Anteils (Farbe, Geruch, Zersetzungsgrad)

Je dunkler die Färbung des Bodens, desto höher ist im Allgemeinen der Gehalt an organischen Bestandteilen. Weiterhin haben organische Böden im frischen feuchten Zustand einen deutlich modrigen Geruch, der sich beim Erhitzen verstärkt. Ein Geruch nach Schwefelwasserstoff weist auf verwesende, faulige organische Bestandteile im Boden hin. Der Geruch verstärkt sich durch Übergießen der Probe mit verdünnter Salzsäure.

Hinweis:
Im Vergleich dazu riechen trockene, mineralische Böden nach dem Anfeuchten nach Erde bzw. erdig.

Der Zersetzungsgrad von feuchtem Torf kann durch Ausquetschen mit der Faust (Ausquetschversuch) festgestellt werden. Sowohl Farbe als auch Qualität des austretenden Wassers und die in der Faust verbleibenden Quetschrückstände lassen dabei einen Rückschluss auf den Zersetzungsgrad des Torfes zu. Trockener Torf muss jedoch visuell beurteilt werden, da er sich nicht ausquetschen lässt.

Das Erscheinungsbild eines nicht bis mäßig zersetzten Torfes zeichnet sich generell dadurch aus, dass ein erheblicher Anteil an Pflanzenresten gut erhalten und damit noch erkennbar ist. Bei einem vollständig zersetzten Torf lassen sich hingegen keine Pflanzenreste mehr identifizieren.

Die beschriebenen Kriterien, welche zur Ermittlung des Zersetzungsgrades von feuchtem Torf herangezogen werden, können im Einzelnen auch der Tabelle C-03 entnommen werden.

Tab. C-03: Ermittlung Zersetzungsgrad von Torf, in Anlehnung an DIN EN ISO 14688-1

Erscheinungsbild	Quetschrückstände	Qualität des austretenden Wassers	Zersetzungsgrad
faserig	deutlich erkennbar	nur Wasser, keine Feststoffe	kein
leicht faserig	erkennbar	trübes Wasser, < 50 % Feststoffe	mäßig
nicht faserig	nicht erkennbar	wässriger Brei, > 50 % Feststoffe	völlig

C-3.3   Benennung von Boden nach DIN EN ISO 14688-1

Bei der Benennung nach DIN EN ISO 14688-1 sind reine und zusammengesetzte Boden-arten zu unterscheiden. Reine Bodenarten bestehen aus nur einem Korngrößenbereich und werden nach diesem benannt, z. B. Grobkies oder Mittelsand. Bei zusammenge-setzten Bodenarten sind dagegen Hauptanteil und Nebenanteile zu unterscheiden.

Hauptanteil

Hauptanteile werden grundsätzlich als Substantive bzw. mit großen Kurzzeichen ent-sprechend Tabelle C-01 gekennzeichnet (z. B. Grobkies bzw. CGr).

Bei grobkörnigen Böden stellt die Kornfraktion den Hauptanteil dar, welche nach Mas-senanteil am stärksten vertreten ist. Sind die Massenanteile von zwei Bodenarten bei grobkörnigen Böden etwa gleich groß, sind Substantive bzw. große Kurzzeichen mit einem Schrägstrich oder „Plus" zu verbinden (z. B. Kies/Sand bzw. Gr/Sa oder Gr + Sa).

Der Hauptanteil der feinkörnigen Böden ist die feine Kornfraktion (Ton, Schluff), wel-che das Verhalten des Bodens bestimmt. Ob Schluff oder Ton als Hauptanteil zu be-trachten ist, hängt also nicht von der Korngrößenverteilung, sondern ausschließlich von den plastischen Eigenschaften ab.

Bei gemischtkörnigen Böden ist ebenfalls die Kornfraktion mit dem größten Massen-anteil als Hauptanteil zu bezeichnen, außer, der Feinkornanteil bestimmt das Verhalten des Bodens. In letzterem Fall ist bei der Benennung wie bei den feinkörnigen Böden vorzugehen.

Nebenanteil

Die Nebenanteile werden dem Hauptanteil jeweils als Adjektiv bzw. kleine Kurzzeichen beigefügt (z. B. Grobkies, mittelsandig bzw. msa CGr). Bei der Benennung ist zwischen grob- und feinkörnigen Nebenanteilen zu unterscheiden.

Haben grobkörnige Nebenanteile besonders geringe (weniger als 15 %) oder besonders große (mehr als 30 %) Massenanteile, ist die ursprüngliche Benennung mit „schwach" oder „stark" zu ergänzen (z. B. Sand, tonig, stark kiesig bzw. cl gr*Sa).

Diese ergänzende Bezeichnung gilt auch für feinkörnige Nebenanteile bei grob- und gemischtkörnigen Böden, aber nur, wenn diese einen besonders geringen oder starken Einfluss auf das Verhalten des Bodens ausüben (Sand, schwach mittelkiesig, stark tonig bzw. mgr'cl*Sa).

Die Benennung der Nebenanteile einer zusammengesetzten Bodenart nach dem Massenanteil ist also wie folgt vorzunehmen.

< 15 %:	Dem Adjektiv wird ein „schwach" oder „gering" vorangestellt:
	z. B.: fgr'... schwach feinkiesig oder gering feinkiesig
15 - 30 %:	Das Adjektiv erhält keinen Zusatz:
	z. B. fgr... feinkiesig
> 30 %:	Dem Adjektiv wird ein „stark" vorangestellt:
	z. B.: fgr*... stark feinkiesig

Anhand der drei nachfolgend aufgeführten Beispiele wird das Prinzip der Benennung des Bodens noch einmal veranschaulicht.

Beispiele:

- Ein Sand besteht zu 65 % aus Körnern der Mittelsandfraktion und zu 35 % aus Körnern der Feinsandfraktion:

  Benennung: **stark feinsandiger Mittelsand oder Mittelsand, stark feinsandig**
  Kurzbezeichnung nach DIN EN ISO 14688-1:
  fsa*MSa

- Ein Sand-Kies-Gemisch besteht zu 44 % aus Mittelkies, zu 32 % aus Feinkies, zu 16 % aus Grobsand und zu 8 % aus Grobkies:

  Benennung: **stark feinkiesiger, grobsandiger, schwach grobkiesiger Mittelkies**
  Kurzbezeichnung nach DIN EN ISO 14688-1:
  fgr*csa cgr´MGr

- Ein Boden ist aus 45 % Grobsand und 55 % Feinkies zusammengesetzt:

  Benennung: **Grobsand/Feinkies oder Grobsand und Feinkies**
  Kurzbezeichnung nach DIN EN ISO 14688-1:
  CSa/FGr oder CSa + FGr

Die Massenanteile von Haupt- und Nebenbestandteilen eines Bodens werden anhand einer sog. Körnungslinie (Abb. C-03), welche Auskunft über die Korngrößenverteilung gibt, ermittelt.

Die Korngrößenverteilung wird in Abhängigkeit der Bodenart mittels unterschiedlicher Verfahren, speziell der Siebung, der Sedimentation oder der kombinierten Siebung und Sedimentation im bodenmechanischen Labor bestimmt (vgl. Kapitel E-2).

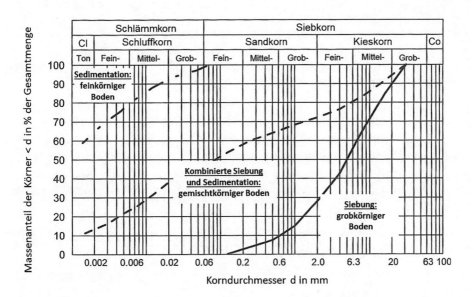

Abb. C-03: Darstellung von Korngrößenverteilungen von Böden als Körnungslinien

C-4 Wasser im Boden

C-4.1 Bedeutung

Die Hohlräume des Bodens, die als Poren bezeichnet werden, sind neben Luft auch von Wasser ausgefüllt. Das Wasser kann dabei in unterschiedlichen Formen in den Poren vorkommen.

Wasser im Boden beeinflusst u. a. den Wassergehalt, damit die Konsistenz und daraus folgend die Tragfähigkeit von bindigen Böden. Weiterhin spielt es eine wesentliche Rolle bei der Ermittlung der Beanspruchung aus Wasserdruck und Bodeneigengewicht, welche für die Bemessung von erdberührten Bauwerken erforderlich ist.

Steht das Wasser unter Druck (gespanntes oder artesisch gespanntes Grundwasser), übt es in den Poren eine entsprechende Spannung aus, welche besonders bei bindigen Böden im Zusammenhang mit z. B. Setzungen von Bauwerken zu berücksichtigen ist. Ferner sind Tiefe und Bewegung des Grundwassers wichtig für die Bemessung von Grundwasserhaltungen, mit denen Baugruben frei von Grundwasser gehalten werden.

Darüber hinaus muss mit einer fachgerechten Planung sichergestellt werden, dass im Winter durch das im Boden gefrierende Wasser (Porenwasser) keine Frostschäden an der Gründung und damit am Bauwerk entstehen. Nicht zuletzt kann sich der Chemismus des Grundwassers in vielfältiger Hinsicht schädigend auf den Baustoff Beton auswirken.

C-4.2   Grundwasser

Grundwasser füllt definitionsgemäß alle Poren des Bodens aus, ist frei beweglich und unterliegt in seiner Bewegung ausschließlich der Schwerkraft (Gravitation).

Die Bodenschichten, welche Grundwasser enthalten, werden als Grundwasserleiter bezeichnet und sind durch eine obere und eine untere Grenzfläche definiert. Nach unten wird der Grundwasserleiter durch eine sehr schwach wasserdurchlässige, d. h. praktisch undurchlässige Boden- oder Gesteinsschicht, die auch als Grundwasserstauer bezeichnet wird, begrenzt. Die obere Grenzfläche ist der Grundwasserspiegel, welcher sich in Bohrungen oder Grundwassermessstellen (vgl. Kapitel D-5) einstellt (Abb. C-04).

Durch eine wechselnde Lagerung von durchlässigen und sehr schwach durchlässigen Boden- oder Gesteinsschichten können darüber hinaus mehrere Grundwasserleiter in sogenannten Grundwasserstockwerken übereinander liegen.

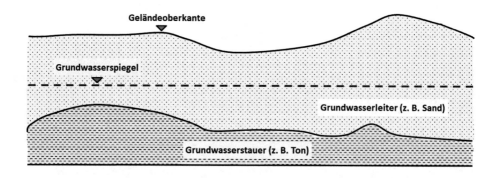

Abb. C-04: Grundwasserleiter, Grundwasserstauer, Grundwasserspiegel

Freies Grundwasser: Grundwasserspiegel können sich frei ausbilden, das bedeutet, freies Grundwasser steht nicht unter Druck.

Gespanntes und artesisch gespanntes Grundwasser: Ist der Grundwasserspiegel durch einen Grundwasserstauer gespannt, drückt das Wasser von unten gegen eine wasserstauende Schicht. Man spricht in diesem Fall von gespanntem Grundwasser. Die hydrostatische Druckhöhe von gespanntem Grundwasser befindet sich oberhalb des Grundwasserspiegels, aber unterhalb der Geländeoberkante (GOK).

Liegt die hydrostatische Druckhöhe nicht nur oberhalb des Grundwasserspiegels, sondern auch oberhalb der Geländeoberkante (GOK), bezeichnet man das Grundwasser als artesisch gespanntes Grundwasser. Die hydrostatischen Druckhöhen werden mit Hilfe sogenannter Piezometer, das sind punktuell verfilterte Grundwassermessstellen, eingemessen.

In Abbildung C-05 sind die Definitionen der drei Arten freies, gespanntes und artesisch gespanntes Grundwasser schematisch veranschaulicht.

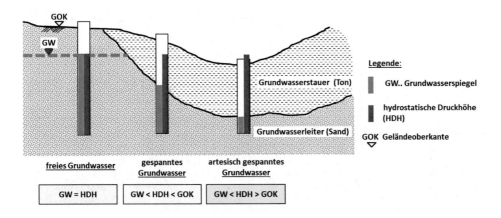

Abb. C-05: freies, gespanntes und artesisch gespanntes Grundwasser

C-4.3   Wasser oberhalb des Grundwasserspiegels

Der Bereich unmittelbar über dem Grundwasser wird als **geschlossene Kapillarzone** bezeichnet, weil hier das Kapillarwasser den gesamten Porenraum ausfüllt. Mit zunehmendem Abstand zum Grundwasserspiegel schwächt sich die Kapillarwirkung ab, sodass nur noch einzelne Poren mit Wasser, die restlichen aber mit Luft gefüllt sind. Zur Unterscheidung wird dieser Bereich als **offene Kapillarzone** bezeichnet.

Wasser oberhalb des Grundwasserspiegels, also das Wasser in der Kapillarzone wird durch Oberflächen-, Grenz- oder Kapillarkräfte im Boden gehalten, d. h., es ist im Gegensatz zum Grundwasser nicht frei beweglich. In Abhängigkeit von der Art der Wasserbindung sind nach ZUNKER (1930) neben dem Grundwasser u. a. nachfolgende Erscheinungsformen von Wasser (Abb. C-06) im Boden zu unterscheiden.

Hygroskopisch gebundenes Wasser, auch Adsorptionswasser genannt, wird aufgrund von Oberflächenkräften, die auf den Mineralkornoberflächen wirken, angesaugt bzw. adsorbiert. Dadurch lagert es sich an den Körnern an und bildet eine Hülle verdichteten Wassers. Diese verdichteten Wasserhüllen und freien Oberflächenkräfte führen dazu, dass sich die Körner nicht wassergesättigter, bindiger Böden anziehen.

Hygroskopisch gebundenes Wasser ist also ursächlich für die Haftfestigkeit bzw. die Kohäsion von bindigen Böden.

Haftwasser ist Wasser, welches infolge von Oberflächenspannungen an den Bodenkörnern unverdichtet festgehalten wird und keine Verbindung zum Grundwasser hat.

Kapillarwasser (Porensaugwasser) steht mit dem Grundwasser in Verbindung, steigt aufgrund der Kapillarwirkung (siehe Exkurs*) in den feinen Porenkanälen des Bodens auf und wird dort durch die Oberflächenspannung des Wassers gehalten.

Exkurs Kapillarwirkung: Oberflächenspannungen von Wasser beruhen auf den molekularen Anziehungskräften der Wasserteilchen untereinander. Dadurch wölbt sich die Wasseroberfläche im Nahbereich eines festen Körpers nach oben, es bilden sich sog. Menisken. In einem Röhrchen mit sehr kleinem Durchmesser, einer Kapillaren, wird die Wassersäule wegen der wirkenden Spannungen so hoch über die normale Wasseroberfläche gezogen, bis dass Gewicht der Wassersäule und die aus der Spannung resultierende Kraft im Gleichgewicht sind (vgl. Kapitel E-4.4).

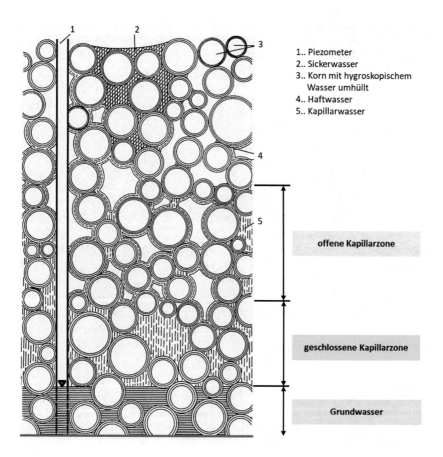

1.. Piezometer
2.. Sickerwasser
3.. Korn mit hygroskopischem
Wasser umhüllt
4.. Haftwasser
5.. Kapillarwasser

offene Kapillarzone

geschlossene Kapillarzone

Grundwasser

Abb. C-06: Erscheinungsformen des Wassers im Boden, verändert nach [3]

Sickerwasser ist Niederschlagswasser, welches aufgrund der Schwerkraft durch den Boden bis zum Grundwasser sickert. Auf dem Sickerweg ergänzt es zunächst Haft- und Kapillarwasser, sodass nur noch überschüssiges Wasser zum Grundwasser gelangt. Sickerwasser erhöht den Wassergehalt, kann sich damit gegebenenfalls auf die Konsistenz und schließlich die Tragfähigkeit von bindigen bzw. feinkörnigen Böden auswirken (vgl. Kap. E-3.2). Staut sich Sickerwasser auf undurchlässigen Schichten an, spricht man von **Schichtenwasser**.

C-5   Frost im Boden

Frost kann in unseren Breiten bis in Tiefen von ca. 0,8 m bis 1,2 m unter Geländeoberkante eindringen. Bei Temperaturen unter 0° C gefriert das Wasser im Boden und vergrößert dabei sein Volumen um etwa 9 Prozent.

In Abhängigkeit von z. B. der Bodenart lassen sich die zwei Arten homogener und nicht homogener Bodenfrost mit jeweils divergierenden Auswirkungen auf die Eigenschaften bzw. das Verhalten des Bodens unterscheiden (Abb. C-07).

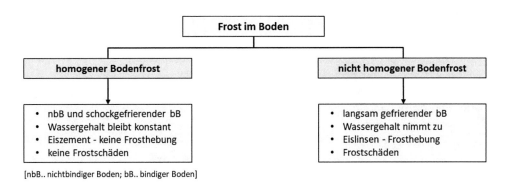

[nbB.. nichtbindiger Boden; bB.. bindiger Boden]

Abb. C-07: Arten von Bodenfrost

C-5.1   Homogener Bodenfrost

Nichtbindige Böden (nbB) durchfrieren gleichmäßig (homogen). Der dabei entstehende Eiszement führt dazu, dass die Festigkeit des Bodens zunimmt. Da die Poren in der offenen Kapillarzone nicht wassergesättigt sind, reicht der Luftporengehalt, um die Volumenvergrößerung des Eises auszugleichen. Es tritt keine Hebung des Bodens auf. Ist der Boden wassergesättigt, wird überschüssiges Wassers aufgrund der großen Durchlässigkeit in tiefer liegende Schichten verdrängt, sodass sich der Boden ebenfalls nicht hebt. Da sich durch die homogene Frosteinwirkung der Wassergehalt und damit die Konsistenz nicht ändert, bleibt die Tragfähigkeit des Bodens nach dem Auftauen unverändert. Bei homogenem Bodenfrost treten also keine Schäden durch Frost auf.

Homogener Bodenfrost liegt ebenfalls vor, wenn bindiger Boden (bB) schockgefriert, das bedeutet, schnell und ohne Wassernachschub gefriert. Wie bei nichtbindigen Böden entsteht Eiszement und der Wassergehalt bleibt konstant, sodass keine Frostschäden auftreten.

C-5.2   Nicht homogener Bodenfrost

Nicht homogener Bodenfrost tritt in bindigen Böden bzw. Böden mit Kapillarwirkung auf. Durch den Frost bilden sich sog. Eislinsen. Diese saugen durch die Kapillarwirkung, entgegen der Schwerkraft, weiteres Grundwasser aus tiefer liegenden Schichten an.

In Abhängigkeit vom Wassernachschub dehnen sich die Eislinsen parallel zur Geländeoberkante einige Millimeter bis Dezimeter aus. Diese Volumenzunahme der Eislinsen führt zu ungleichmäßigen Hebungen von Boden und/oder im Boden befindlichen Bauwerken wie beispielsweise Fundamenten oder Straßen.

Der, durch das Ansaugen von zusätzlichem Wasser, erhöhte Wassergehalt führt nach dem Auftauen zur Herabsetzung der Konsistenz oder zu einer Vernässung. Der aufgeweichte oder vernässte Boden weist schließlich eine verminderte Tragfähigkeit auf.

Der Mechanismus und die Auswirkungen (Hebung, erhöhter Wassergehalt) von nicht-homogenem Bodenfrost sind in Abbildung C-08 noch einmal veranschaulicht.

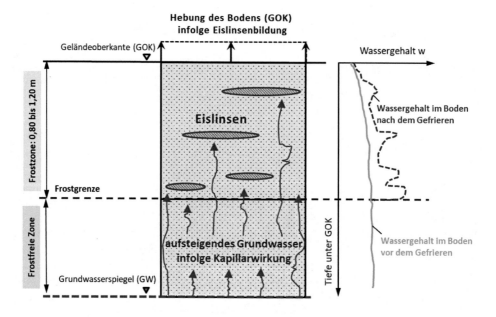

Abb. C-08: Mechanismus und Auswirkung von nicht homogenem Bodenfrost, in Anlehnung an [5]

C-5.3   Frostschäden und Gegenmaßnahmen

Nicht homogener Bodenfrost kann dann zu Frostschäden an Hochbauten, Verkehrs-bauwerken und Versorgungsleitungen führen, wenn diese nicht frostfrei gegründet wurden.

Typische Frostschäden sind Verformungen, Risse oder Verkippungen. Schadensursa-chen sind sowohl die Hebung (Hebungsschäden) als auch die verminderte Tragfähig-keit des Bodens nach dem Auftauen (Senkungs- und Rutschungsschäden). Wie bereits erwähnt, resultiert die verminderte Tragfähigkeit aus der verringerten Konsistenz, wel-che durch die Erhöhung des Wassergehaltes im Bereich der Eislinsen verursacht wird.

In Abbildung C-09 sind typische Frostschäden an Fundamenten und Straßen darge-stellt.

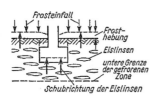

➤ Frosthebung eines Fundamentes

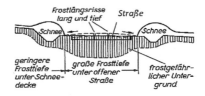

➤ Frosthebung einer Straße (Risse)

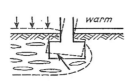

➤ Verkippung eines Fundamentes

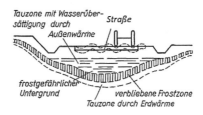

➤ Tausenkung einer Straße (Verformung)

Abb. C-09: Frostschäden an Fundamenten und Straßen, verändert nach [2]

Um Frostschäden an Bauwerken grundsätzlich zu vermeiden, sind geeignete Gegen-maßnahmen zu ergreifen. Dazu sind bindige Böden, in denen nicht homogener Boden-frost entstehen kann, üblicherweise zu entfernen und durch frostsichere mineralische und damit kapillarbrechende Schichten, die sogenannten Frostschutzschichten zu er-setzen.

Der Kapillarwirkung in feinkörnigen bzw. bindigen Böden kann ebenso durch das Auf-bringen von Folien entgegengewirkt werden. Dadurch wird das Aufsteigen des Wassers in den engen Porenkanälen begrenzt bzw. gänzlich verhindert.

C-5   Checkpoint (C)

(1)   In welche Gruppen werden Lockergesteine normgemäß eingeteilt? Erläutern Sie diese Klassifizierung kurz?

(2)   Wie wird der Zustand von grobkörnigen und von feinkörnigen Böden jeweils beschrieben?

(3)   Erläutern Sie, wozu man manuelle und visuelle Feldversuche im Gelände, also während einer Baugrunderkundung, durchführt.

(4)   Wie bestimmen Sie im Feld, welche Art von grobkörnigem bzw. nichtbindigem Boden im untersuchten Baugrund angetroffen wurde?

(5)   Wie können Sie im Feld, während der Baugrunderkundung erkennen, ob es sich bei einem feinkörnigen bzw. bindigen Boden um Ton oder Schluff handelt?

(6)   Erläutern Sie, wie zusammengesetzte Bodenarten nach DIN EN ISO 14688-1 fachlich korrekt benannt werden. Geben Sie dazu Beispiele an.

(7)   Definieren Sie den Begriff Grundwasser.

(8)   Erläutern Sie, was ein Grundwasserleiter ist.

(9)   Was versteht man unter einem Grundwasserstockwerk?

(10) Nennen und definieren Sie alle Arten von Grundwasser.

(11) Wo befindet sich die Kapillarzone im Boden?

(12) Was ist der Unterschied zwischen der offenen und der geschlossenen Kapillarzone im Boden?

(13) Welche verschiedenen Erscheinungsformen von Wasser oberhalb des Grundwassers gibt es?

(14) Welches Wasser im Boden verursacht u. a. die Haftzugfestigkeit, also die Kohäsion von feinkörnigen bzw. bindigen Böden?

(15) Erläutern Sie Ursache und Mechanismus der Kapillarwirkung des Bodens.

(16) Welche Art von Frost entsteht in nichtbindigen Böden und in „schockgefrorenen" bindigen Böden? Erläutern Sie diesen Frostmechanismus und dessen Auswirkungen auf Baugrund bzw. Bauwerk.

(17) Welche Art von Frost tritt in bindigen Böden auf? Erläutern Sie diesen Frostmechanismus und dessen Auswirkungen auf Baugrund bzw. Bauwerk.

(18) Welche Schutzmaßnahmen müssen getroffen werden, um Frostschäden an Bauwerken zu verhindern?

C-6   Literatur (C)

[1] Kempfert, Raithel (2012): Geotechnik nach Eurocode, Band 1: Bodenmechanik, 3. Aufl., Beuth Verlag

[2] Simmer (1994): Grundbau 1 – Bodenmechanik und erdstatische Berechnungen, 19. Aufl., Teubner Stuttgart

[3] Zunker (1930): Das Verhalten des Bodens zum Wasser. Handbuch der Bodenlehre, Band VI, Springer Verlag, Berlin

[4] Schmidt et al. (2014): Grundlagen der Geotechnik – Geotechnik nach Eurocode, 4. Aufl., Springer, Vieweg

[5] Beskow (1938): Prevention of Detrimental Frost Heaving in Sweden, Proceedings, Highway Research Bord, Vol. 18, Pt. 2

D   Baugrunderkundung – Bodenuntersuchungen im Feld

D-1   Ziel und Durchführung

D-1.1   Wozu?

Ziel der Bodenuntersuchungen im Feld, welche auch unter dem Begriff Baugrunderkundung zusammengefasst werden, ist es, einschätzen zu können, ob der anstehende Boden als Baugrund geeignet ist. Das ist der Fall, wenn die Lasten eines geplanten Bauwerks sicher in den Untergrund abgetragen werden können. Die Ergebnisse der Untersuchungen liefern Informationen zu Art und Abfolge der Bodenschichten, zu deren Neigung und Mächtigkeit. Zur Baugrunderkundung gehört außerdem die Untersuchung der Grundwasserverhältnisse.

„Blinde" Sparsamkeit bei der Baugrunderkundung ist auf keinen Fall gerechtfertigt und gefährlich. Unvollständige oder fehlerhafte Informationen zum Baugrund führen zu unwirtschaftlichen Gründungen und/oder Planungsänderungen, Baustopps, zusätzlichen Kosten sowie Bauzeitverlängerungen. Es können sich daraus aber auch weitaus gravierendere Folgen, wie z. B. die Gefährdung der Standsicherheit des Bauwerks, welche unter Umständen eine Gefahr für Leib und Leben bedeutet, ergeben.

Die durch das unsachgemäße Vorgehen bei der Baugrunderkundung verursachten Folgekosten übersteigen die Kosten, welche für eine qualifizierte Baugrunduntersuchung angefallen wären, dann häufig um ein großes Vielfaches. Neben den wirtschaftlichen sind gegebenenfalls auch rechtliche Konsequenzen zu tragen. Im Schadensfall wird der Verzicht auf die Baugrunderkundung als Verstoß gegen die anerkannten Regeln der Technik angesehen [1].

Die beschriebene und allgegenwärtige Problematik wird durch das historische Beispiel des Winzerberges in Potsdam (Abb. D-01), welches bis heute nichts an Aktualität eingebüßt hat, eindrucksvoll verdeutlicht. Weil Friedrich II (1712–1789), genannt „Friedrich der Große", frisches Obst und Wein für seinen Hof anbauen lassen wollte, ließ er in der Nähe von Schloss Sanssouci durch den Architekten Johann Gottfried Büring eine Gartenanlage planen. Am Hang des ausgewählten Standortes, des heutigen Winzerberges, befand sich eine stillgelegte Lehmgrube.

Die Planung des Gartens sah eine Terrassenanlage mit vier Terrassen und fünf Hangmauern vor. Der maximal zu überbrückende Höhenunterschied zwischen dem unteren Plateau und der oberen Hangmauer betrug dabei mehr als siebzehn Meter. Unter Berücksichtigung des Baugrundes und der Anforderungen aus der Konstruktion errechnete Büring für eine sichere Gründung der Hangmauern Fundamenttiefen von bis zu 28 m. Da dem Bauherrn die daraus resultierenden, mit 29.000 Talern veranschlagten Baukosten aber zu hoch waren, fiel Büring in Ungnade und wurde entlassen. 1763 begannen die Bauarbeiten dann nach einer von dem Architekten Christian Ludwig Lucas

Hildebrandt geänderten und kostengünstigeren Planung. Doch schon bald nach Baubeginn, direkt nach Fertigstellung der zweiten Hangmauer, stürzten Teile der Konstruktion ein.

Um eine standsichere Konstruktion zu gewährleisten, wurde es erneut notwendig, die Terrassenanlage inklusive Gründung umzuplanen. Für die Ausführung dieser zweiten angepassten Planung fielen Kosten in Höhe von 36.000 Talern an. Im Vergleich zum Entwurf von Büring ergab sich also letztendlich eine Kostensteigerung von etwa 24 Prozent für das ausgeführte Projekt.

Im Rahmen der Planung der Restaurierung des Winzerberges war es erforderlich, die tatsächlichen Fundamenttiefen der Hangmauern zu ermitteln, um die Sanierbarkeit einschätzen zu können. Die im Jahre 2005 vorgefundenen Gründungstiefen waren ausreichend, sodass die Sanierung 2017 erfolgreich abgeschlossen werden konnte. [11]

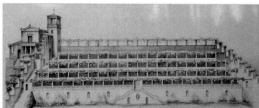

Schnitt durch den Winzerberg in der ersten Fassung* (nicht realisiert – Anm. d. Verf.)

Ansicht Winzerberg nach Ausstattung mit Pergolen etc., Modernisierung 1848 von Gartendirektor Peter Joseph Lenné*

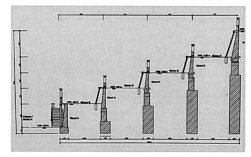

vorgefundene Gründung 2005*

Winzerberg 03/2021

*Fotos von den Informationstafeln am Winzerberg, aufgestellt durch den Förderverein „Bauverein Winzerberg" (25.03.2021)

Abb. D-01: Winzerberg Potsdam

D-1.2   Wann?

Durch die Baugrunderkundung werden die Grundlagen für eine technisch und wirtschaftlich optimale Planung und Ausführung von Bauwerken geliefert. Deshalb ist diese frühzeitig, d. h. noch vor dem Aufstellen der Ausführungspläne durchzuführen, sodass Konstruktion und Gründungsart des Bauwerks auf der Basis der Erkundungsergebnisse final festgelegt werden können.

D-1.3 Wie?

D-1.3.1 Voruntersuchung

Zur Planung der Baugrunduntersuchung können im Rahmen der Voruntersuchung erste Anhaltspunkte über die zu erwartenden Baugrundverhältnisse gewonnen werden, sodass darauf aufbauend und unter Berücksichtigung der geplanten Bebauung das Erkundungsprogramm festgelegt und dessen Kosten ermittelt werden können.

Zur Voruntersuchung gehört eine Ortsbegehung, bei welcher Nachbarn zu den Nachbarbauten (Gründungsart, Fundamentlasten, Risse, Setzungen, Grundwasser) befragt werden können. Neben den Informationen zu den Bestandsgebäuden können auch Bewuchs und sogenannte Zeigerpflanzen Auskunft über die Boden- und Wasserverhältnisse vor Ort geben.

Geologische Karten geben einen ersten Überblick über die zu erwartenden Bodenformationen, die jedoch örtlich abweichen können. Auch enthalten diese keine Angaben über Schichtdicken oder Eigenschaften der im Baugrund anstehenden Bodenarten. Oft sind aber bereits Ergebnisse von Bodenuntersuchungen aus der näheren Umgebung des geplanten Bauvorhabens bei verschiedenen Behörden, wie z. B. städtischen Bauverwaltungen oder Wasserwirtschaftsämtern vorhanden. Diese Informationen können beispielsweise für die Stadt Berlin ebenso wie die geologischen Karten (vgl. Kapitel B) über den Online-Geodatenkatalog „FIS Broker" der Senatsverwaltung für Stadtentwicklung und Wohnen kostenfrei abgerufen werden.

⇨ http://www.stadtentwicklung.berlin.de/geoinformation/fis-broker/index.shtml

Darüber hinaus können erste Aufschlüsse an relevanten Punkten im Bereich des potentiellen Baugebietes durchgeführt und maßgebende Baugrundeigenschaften stichprobenartig ermittelt werden.

D-1.3.2 Hauptuntersuchung

Mit Hilfe von diversen Erkundungsverfahren wie z. B. Schürfen, Bohrungen und Sondierungen erhält man schließlich im Rahmen der Hauptuntersuchung direkt vor Ort im Gelände oder auf der Baustelle, also in-situ, Auskunft über Art, Ausdehnung, Lage und Mächtigkeit der Bodenschichten sowie über die Grundwasserverhältnisse.

D-2 Planung der Baugrunderkundung (Art und Umfang)

Art und Umfang der Erkundung (Lage, Anzahl, Tiefe) sind im Einzelnen in Abhängigkeit von den Anforderungen des geplanten Bauwerks (Art, Größe, Beanspruchungen etc.) und der Schwierigkeit des vorhandenen Baugrunds festzulegen. Dazu muss gem. EC 7 bzw. DIN EN 1997-2 im Vorfeld der Baugrunderkundung jedes Bauvorhaben in eine der drei Geotechnischen Kategorien (vgl. Kapitel A-4.3) eingestuft werden. Merkmale und Beispiele für die Einstufung in diese Kategorien sind u. a. im Handbuch Eurocode 7 [2] enthalten. Mit fortschreitendem Kenntnisstand ist die Einstufung gegebenenfalls anzupassen.

Werden archäologische Relikte im Baugrund vermutet, sind Informationen dazu bei den entsprechenden Behörden einzuholen. Vor der Aufnahme der Aufschlussarbeiten muss außerdem für alle Aufschlusspunkte zwingend eine Kampfmittel- und Leitungsfreiheit vorliegen. Zweckdienliche Hinweise zur Kampfmittelproblematik finden sich z. B. im Merkblatt „KAMPFMITTELFREI BAUEN", welches vom Hauptverband der Deutschen Bauindustrie gebührenfrei unter dem nachfolgenden Link zur Verfügung gestellt wird.

⇨ https://www.bauindustrie.de/fileadmin/bauindustrie.de/Media/Veroeffentlichungen/Merkblatt_Kampfmittelfrei_Bauen.pdf

D-2.1   Lage

Anhand von Geotechnischer Kategorie, Lastannahmen, Bauwerksabmessungen und Ergebnissen aus der Voruntersuchung werden Anzahl, Lage und Tiefe der erforderlichen Erkundungsmaßnahmen so festgelegt, dass ausreichende Informationen über die Zusammensetzung und den räumlichen Verlauf der Bodenschichten sowie die Grundwasserverhältnisse gewonnen werden können. Bevorzugt sind Aufschlüsse z. B. an Eckpunkten außerhalb des Grundrisses oder bei Linienbauwerken u. a. an Geländesprüngen und/oder Abzweigungen der Trasse anzuordnen.

D-2.2   Anzahl

Die Anzahl der Aufschlüsse ist in Abhängigkeit der erforderlichen Abstände zwischen den einzelnen Aufschlusspunkten und der Größe des Bauwerks festzulegen. Dazu gibt DIN EN 1997-2 in Abhängigkeit der Bauwerksart folgende Richtwerte für Aufschlüsse und Rasterabstände, also für den Abstand zwischen den Bohrungen an (Tab. D-01).

Tab. D-01: Richtwerte für Aufschlüsse und Rasterabstände gem. DIN EN 1997-2

Bauwerk	Rasterabstand/Aufschlüsse
Hoch- und Industriebauten	15 m – 40 m
Großflächige Bauwerke	≤ 60 m
Linienbauwerke	20 m – 200 m
Sonderbauwerke	2 - 6 Stck. je Fundament
Staumauern und Wehre	25 - 75 Stck. in maßgebenden Schnitten
Dicht- und Schlitzwände	25 m - 50 m

D-2.3　Aufschlusstiefe

Mit dem Aufschluss müssen alle Schichten des Untergrundes erfasst werden, die durch das Bauwerk beansprucht werden.

DIN EN 1997-2 gibt dazu in Abhängigkeit der Bauwerks- und Gründungsart Richtwerte für die Untersuchungstiefe z_a an. Dabei ist zwingend zu beachten, dass die Bezugsebene für die Aufschlusstiefe z_a nicht die Geländeoberkante, sondern immer der tiefste Punkt der Gründung des Bauwerks oder der Baugrubensohle ist. Sind Bauvorhaben sehr groß, besonders schwierig und/oder ungünstige geologische Bedingungen, wie z. B. stark zusammendrückbare Schichten unterhalb von Schichten mit höherer Tragfähigkeit, zu erwarten, sollten einzelne Aufschlüsse bis in größere Tiefen geführt werden.

Nachfolgend werden nur einige, ausgewählte Richtwerte für die Aufschlusstiefe bzw. die Erkundungstiefe z_a in Abhängigkeit der Gründungsart erläutert und dargestellt. Die vollständigen Angaben hierzu können DIN EN 1997-2 entnommen werden.

D-2.3.1　Hoch- und Industriebauten

Sind diese Bauten auf Einzel- und/oder Streifenfundamenten gegründet, ist der größere Wert der beiden Bedingungen für die Erkundungstiefe z_a anzuwenden. Dabei wird mit b_F die kürzere Seite der Gründung bezeichnet (Abb. D-02a).

- $z_a \geq 6$ m und $z_a \geq 3{,}0 \cdot b_F$ (D01)

Bei Plattengründungen und bei Bauwerken mit mehreren Gründungskörpern, deren Einflüsse sich in tieferen Schichten überlagern, gilt die folgende Bedingung für die Erkundungstiefe z_a, wobei b_B die kleinere Bauwerksseitenlänge ist (Abb. D-02b).

- $z_a \geq 1{,}5 \cdot b_B$ (D02)

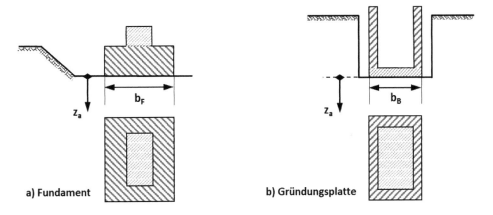

a) Fundament   b) Gründungsplatte

Abb. D-02: Erkundungstiefen z_a bei Hoch- und Industriebauten gem. DIN EN 1997-2

D-2.3.2   Linienbauwerke

Bei Straßen und Flugplätzen (Abb. D-03a) muss die Erkundungstiefe z_a nach folgender Bedingung festgelegt werden:

- $z_a \geq 2$ m   (D03)

Bei Gräben und Rohrleitungen (Abb. D-03b) ist der größere Wert, der sich aus diesen zwei Kriterien für die Erkundungstiefe z_a ergibt, zu wählen. Als b_{Ah} ist hier die Breite des Aushubs zu berücksichtigen.

- $z_a \geq 2$ m und $z_a \geq 1,5 \cdot b_{Ah}$ (D04)

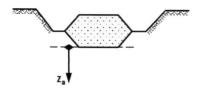

a) Straßen und Flugplätze   b) Gräben und Rohrleitungen

Abb. D-03: Erkundungstiefen z_a für Linienbauwerke gem. DIN EN 1997-2

D-2.3.3   Pfähle

Bei Pfählen (Abb.D-04) sind die folgenden zwei Vorgaben einzuhalten, wobei der größere Wert für die Aufschlusstiefe z_a wiederum maßgebend ist.

- $z_a \geq 1,0 \cdot b_g$ sowie $z_a \geq 5,0$ m und

    $z_a \geq 3,0 \cdot D_F$ (D05)

D_F ist hier der Pfahlfußdurchmesser und b_g das kleinere Maß eines in der Pfahlfußebene liegenden Rechtecks, welches eine Pfahlgruppe umhüllt.

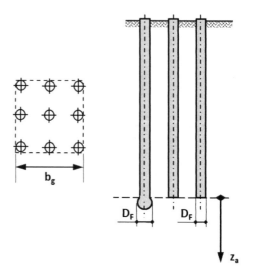

Abb. D-04: Erkundungstiefen z_a für Einzelpfähle und Pfahlgruppen gem. DIN EN 1997-2

D-3 Arten und Verfahren der Baugrunderkundung

Alle Verfahren der Baugrunderkundung im Lockergestein (LG) bzw. im Boden lassen sich in zwei Arten, die direkten und indirekten Verfahren, unterscheiden (Abb. D-05).

Direkte Verfahren ermöglichen die Inaugenscheinnahme des Baugrunds und eine Probenentnahme. Zu den direkten Erkundungsverfahren zählen Schürfe und Bohrungen.

Die indirekten Verfahren (Sondierungen) dienen weder der Bodenansprache noch der Probenentnahme. Denn, auf der Grundlage eines statistischen Zusammenhangs, auch Korrelation genannt, wird aus der Messgröße (z. B. Widerstand des Bodens) indirekt auf eine ausgewählte bodenmechanische Eigenschaft des Bodens geschlossen. Um die Messergebnisse richtig zu interpretieren, benötigen indirekte Verfahren jedoch mindestens Angaben zur Schichtung, welche ausschließlich mit direkten Erkundungsverfahren ermittelt werden können.

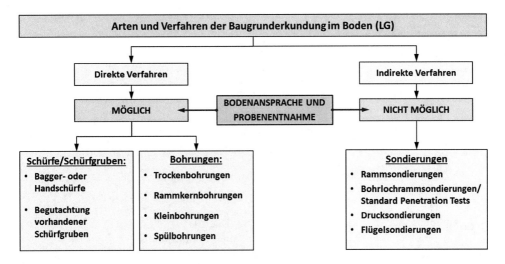

Abb. D-05: Arten und Verfahren der Baugrunderkundung im Boden bzw. Lockergestein (LG)

D-3.1   Direkte Verfahren

D-3.1.1   Schürfe/Schürfgruben

Schürfe oder Schürfgruben (Abb. D-06) werden am effektivsten durch Hand- oder Baggerschachtung oberhalb des Grundwasserspiegels und bis in Tiefen von ca. 4 m unter der Geländeoberkante hergestellt.

Zur Absicherung sind die Schürfgruben gem. DIN 4124 ab einer Tiefe von 1,25 m durch Abböschungen oder einen Teilverbau zu sichern. Ab 1,75 m Aushubtiefe ist ein voller Verbau zur Sicherung der Schürfgrube vorgeschrieben.

Der Schichtenaufbau und die Bodenarten sind im Schurf zu bestimmen, aufzunehmen und mit Fotos zu dokumentieren. Darüber hinaus sind Schürfe lage- und höhenmäßig einzumessen.

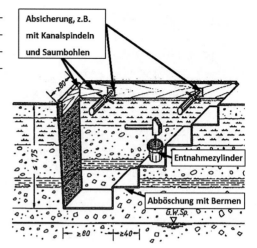

Abb. D-06: Längsschnitt durch eine Schürfgrube, verändert nach [4]

D-3.1.2 Bohrungen

Der Baugrund wird am häufigsten mit Bohrungen erkundet. Die Bodenansprache ist hierbei anhand des geförderten Bodens und der entnommenen Proben möglich.

Die Auswahl des geeigneten Bohrverfahrens richtet sich grundsätzlich nach folgenden Kriterien:

→ Eignung für den anstehenden Baugrund,

→ erforderliche Bohrtiefe,

→ Anforderungen an die Probenqualität, d. h. Güteklasse und Entnahmekategorie (vgl. Kapitel D-3.2.1).

Bohrungen können darüber hinaus zu Grundwassermessstellen (vgl. Kap. D-5) ausgebaut werden, welche es ermöglichen, den Grundwasserstand einzumessen und Grundwasserproben zu entnehmen. Außerdem können im Bohrloch weitere Untersuchungen (vgl. Kapitel D-3.4) durchgeführt werden.

Ziel der Erkundungsbohrungen ist es, ein detailliertes Bohrprofil zu erhalten und für den Untersuchungszweck geeignete Proben zu gewinnen. Für Lockergesteine eignen sich zahlreiche Bohrverfahren, u. a.:

▪ Trockenbohrungen.

Zu den Bohrverfahren, mit denen das Bohrraster verdichtet werden kann, gehören die

▪ Kleinbohrungen.

Bohrverfahren, die ausschließlich zur Ergänzung vorhandener Bohrungen eingesetzt werden, sind

▪ Spülbohrungen.

Trockenbohrungen

Um das vollständige oder teilweise Zusammenfallen des Bohrlochs zu verhindern, wird eine Verrohrung, also ein Stahlrohr, fortlaufend mit dem Bohrfortschritt drehend und drückend eingebracht.

Dabei gelangt der Boden in die Verrohrung und kann mittels unterschiedlicher Aushubwerkzeuge, wie z. B. Ventilbohrer, Greifer, Schnecke oder Schappe aus dieser Verrohrung gefördert werden (Abb. D-07).

Mit Trockenbohrungen sind i. A. Tiefen von bis zu 50 m, in Ausnahmefällen von bis zu 100 m zu erzielen [5].

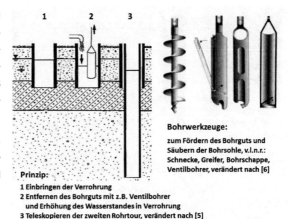

Bohrwerkzeuge:
zum Fördern des Bohrguts und Säubern der Bohrsohle, v.l.n.r.: Schnecke, Greifer, Bohrschappe, Ventilbohrer, verändert nach [6]

Prinzip:
1 Einbringen der Verrohrung
2 Entfernen des Bohrguts mit z.B. Ventilbohrer und Erhöhung des Wasserstandes in Verrohrung
3 Teleskopieren der zweiten Rohrtour, verändert nach [5]

Abb. D-07: Trockenbohrung mit Verrohrung (links), Aushubwerkzeuge (rechts)

Bei Trockenbohrungen unterhalb des Grundwassers muss mit Wasserüberdruck im Bohrrohr gearbeitet werden, d. h., der Wasserstand im Bohrrohr muss deutlich über dem Grundwasserstand in dem umgebenden Boden liegen (Abb. D-08).

Anderenfalls würde die Bohrlochsohle aufgrund des Auftriebs aufbrechen und Boden in das Bohrloch eingetrieben werden. In der Folge wird dem umgebenden Boden Material entzogen, wodurch sich der natürliche Zustand des anstehenden Baugrunds kritisch verändern kann.

Dieses Phänomen würde außerdem die Qualität der Bohrung negativ beeinflussen. Die so verfälschten Bohrergebnisse müssten verworfen werden, da sie nicht mehr repräsentativ für den ausgewählten lokalen Bohrpunkt wären.

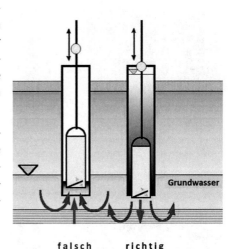

Grundwasser

falsch   richtig

Abb. D-08: Trockenbohrung mit Verrohrung, Wasserüberdruck und Ventilbohrer, verändert nach [6]

Kleinbohrungen

Zu den Kleinbohrungen zählen das Handrehbohrverfahren, das Kleindruckbohrverfahren und die Kleinrammbohrung. Sie weisen geringe Bohrdurchmesser von 30 mm bis 80 mm auf und werden mit vergleichsweise kleinem, gut handhabbarem Gerät abgeteuft.

Die maximal zu erreichenden Tiefen sind mit 10 m bis 12 m in nichtbindigen Böden und mit 20 m in weichen bindigen Böden [5] gering. Da die Reibung zwischen Kernrohr und Boden mit zunehmender Tiefe größer wird, teleskopiert man die Kernrohre, d. h., man verringert den Durchmesser von 80 mm auf minimal 30 mm. Eine Verrohrung zur Stützung des Bohrlochs kommt bei Kleinbohrungen nicht zum Einsatz.

Die am häufigsten eingesetzte Kleinbohrung ist die Kleinrammbohrung (Abb. D-09), bei der Kernrohre maschinell mit Bohrhämmern oder Kleinbohrgeräten in den Baugrund gerammt werden. Dabei wandert der Boden in die Kernrohre, welche in der Regel 1 m bis 2 m lang sind und deren Mantelfläche zu etwa einem Drittel offen ist. Nachdem das Kernrohr eingetrieben ist, wird der Bohrhammer vom Rohrgestänge gelöst und das Kernrohr manuell oder hydraulisch gezogen. Damit besonders grobkörnige Böden oder auch Böden unterhalb des Grundwassers beim Ziehvorgang nicht wieder aus dem Kernrohr herausrutschen, werden an der Unterseite der Kernrohre sog. Kernfänger positioniert.

Abb. D-09: Kleinrammbohrung – Einrammen eines Kernrohres mit Bohrhammer (li), gezogene Kernrohre mit Boden (re)

Spülbohrungen

Beispielhaft wird hier die direkte Spülbohrung, auch Rotarybohrverfahren mit direkter Spülung genannt, angeführt. Bei diesem Bohrverfahren wird die Spülung durch Bohrgestänge und Bohrwerkzeug bis zur Bohrlochsohle gepumpt (Abb. D-10). Das mit dem Bohrwerkzeug gelöste Bohrklein (Cuttings) vermengt sich auf diese Weise mit der Spülung und wird im Zwischenraum zwischen Bohrgestänge und Bohrlochwand (Standrohr) an die Oberfläche gefördert. Spülbohrungen lassen sich schnell und wirtschaftlich bis in große Tiefen (900 m und mehr) abteufen [4]. Spülbohrungen werden i. d. R. nicht verrohrt, die Stützung der Bohrlochwandung übernimmt die Spülung, die eine Suspension aus Wasser, Bentonit und weiteren Zusatzmitteln ist. Der Suspensionsdruck muss dabei größer als der Grundwasserdruck sein, um ein Aufbrechen der Bohrlochsohle zu vermeiden.

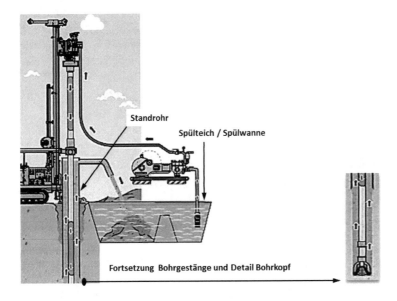

Abb. D-10: Rotarybohrverfahren mit direkter Spülung (Druckspülung), verändert nach [8]

Bentonit ist ein quellfähiger Ton, der hauptsächlich aus dem Tonmineral Montmorillonit besteht und thixotrope Eigenschaften (Thixotropie = Veränderung durch Berührung) aufweist. Das bedeutet, in Ruhe ist die Bentonitsuspension in einem gelartigen Zustand. Wird dieser durch z. B. Pumpen gestört, wird die Suspension schlagartig wieder flüssig. [7] So wird bei Bohrunterbrechungen verhindert, dass der Bohrvorgang erschwert wird, weil das Bohrklein nicht auf die Bohrlochsohle zurückfällt, sondern in der gelartigen Suspension gehalten wird. Die Bentonitsuspension wird in einem Kreislauf vom Bohrklein getrennt (Spülteich/Spülwanne), sodass die geklärte Suspension wiederverwendet werden kann (Abb. D-10). [5]

D-3.2   Entnahme von Bodenproben

D-3.2.1   Anforderungen

Bodenproben für Laborversuche werden entsprechend DIN EN 1997-2 in die Güteklassen 1 bis 5 (Tab. D-02) eingeteilt. Die Grundlage dafür sind die Bodeneigenschaften, welche während der Entnahme, des Transports und der Lagerung der Proben unverändert bleiben sowie die im Labor feststellbaren Bodeneigenschaften.

Bei Proben der Güteklasse 1 (GKL 1 – beste Qualität) sind dabei die meisten Bodeneigenschaften feststellbar. Anhand von Proben der Güteklasse 5 (GKL 5 – geringste Qualität) lässt sich nur die Schichtenfolge bestimmen. DIN EN ISO 22475-1 definiert weiterhin die drei Entnahmekategorien A, B und C für Verfahren der Probenentnahme, denen die jeweils erreichbaren Güteklassen der Proben zugeordnet sind (Tab. D-02). Güteklassen (GKL) und Anzahl der Proben sind in Abhängigkeit der im Planungsbereich vorherrschenden Bodenverhältnisse, der Anforderungen des geplanten Bauwerks und der zu ermittelnden Bodenkenngrößen festzulegen. Bei der anschließenden Festlegung der Kategorien des Probenentnahmeverfahrens (Entnahmekategorien) sind die gewünschten Güteklassen der Proben, die Bodenart und die Grundwasserverhältnisse zu berücksichtigen.

Sämtliche Anforderungen an die Geräte und Verfahren zur Probenentnahme sind in DIN EN ISO 22475-1 geregelt. Nach der Entnahmeart werden Bohrproben und Sonderproben unterschieden. Bohrproben werden mit dem Bohrwerkzeug entnommen. Sonderproben (Entnahmekategorie A, GKL 1-2) werden dagegen mit speziellen Entnahmegeräten ungestört aus Bohrungen oder Schürfen gewonnen.

Tab. D-02: Güteklassen der Bodenproben und Kategorien der Probenentnahmeverfahren gem. DIN EN 1997-2 und DIN EN ISO 22475-1

Entnahme-kategorie			Güte-klasse GKL	Probe unverändert im Hinblick auf:	feststellbare Parameter/Bodenkenngrößen
A			1	wie GKL 2 plus Steifemodul und Scherfestigkeit	wie GKL 2 plus Zusammendrückbarkeit und Scherfestigkeit
			2	wie GKL 3 plus Feuchtdichte und Wasserdurchlässigkeit	wie GKL 3 plus Schichtgrenzen fein, Feuchtdichte, Porenanteil, Porenzahl, Wasserdurchlässigkeit
			3	wie GKL 4 plus Wassergehalt	wie GKL 4 plus Wassergehalt
	B		4	Kornverteilung	Schichtgrenzen grob, Kornverteilung, Korndichte, organische Bestandteile, Konsistenzgrenzen, dichteste und lockerste Lagerung
		C	5		Schichtfolge

D-3.2.2　　Probenentnahme aus Schürfen

Nach DIN EN ISO 22475-1 dürfen aus Schürfgruben (Abb. D-06) Sonderproben im Bereich der Sohle, der Abtreppung und der Wand entnommen werden. Hierbei erfolgt die Probenentnahme mit einem Ausstech- oder Entnahmezylinder (Abb. D-11).

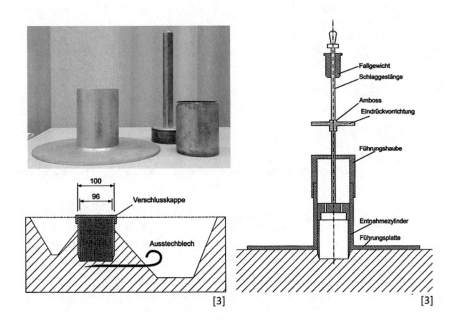

Abb. D-11: Entnahme von Proben aus Schürfen nach DIN EN ISO 22475-1

D-3.2.3　Probenentnahme aus Bohrungen

Proben aus Trockenbohrungen

Das Bohrgut, welches bei Trockenbohrungen gefördert wird, ist durch den Bohrvorgang gestört. Aus dieser Bohrung werden in regelmäßigen Abständen gestörte Proben entnommen, die in Plastikbehälter (1 Liter) abgefüllt werden. Darüber hinaus gibt es die Möglichkeit, ungestörte Bodenproben (GKL 1-2, Entnahmekategorie A) aus dem Bohrloch zu entnehmen.

In Abhängigkeit der Konsistenz können u. a. dünnwandige (für weiche bis halbfeste Konsistenz) und dickwandige (für halbfeste bis feste Konsistenz) Entnahmegeräte zur Probenentnahme zum Einsatz kommen. Diese bestehen aus einem Entnahmestutzen, einem Schlammstutzen (Aufnahme des aufgeweichten Bodens an der Bohrlochsohle), dem Gerätekopf mit Ventil und dem Gestängeanschluss. [5] In Abbildung D-12 ist die beschriebene Entnahme einer Sonderprobe aus einer Trockenbohrung dokumentiert.

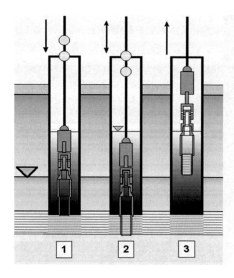

1: Reinigen der Bohrlochsohle, Einbringen der Rammeinrichtung mit Schlammzylinder, Ventil und Entnahmezylinder

2: Einrammen des Zylinders in den noch ungestörten Bereich unterhalb der Bohrlochsohle, das Wasser im Entnahmezylinder entweicht über das Ventil

3: Ziehen der Einrichtung, dabei Ventil schließen, damit die Probe nicht herausfällt

Abb. D-12: Entnahme einer Sonderprobe mit Entnahmegerät aus einer Trockenbohrung, verändert nach [6]

Damit tatsächlich eine hohe Güteklasse (GKL 1-2) erreicht werden kann, müssen sich die Geräte in einwandfreiem Zustand befinden. Ungestört entnommene Proben sind so zu verschließen, dass sich keine Veränderungen durch z. B. Austrocknung einstellen können. Auch durch den Transport darf der ursprüngliche Zustand der Probe nicht verändert werden.

Zur Entnahme von Sonderproben aus Trockenbohrungen gibt es neben dem vorgestellten noch weitere Bohrverfahren, wie z. B. das Rammkernbohrverfahren oder das Rotationskernbohrverfahren mit Einfach-, Doppel- oder Dreifachkernrohr. Diese und weitere Verfahren können Tab. D-03 entnommen werden.

Proben aus Kleinbohrungen

Bei Kleinbohrungen ist nur die Entnahme von gestörten Proben möglich. Diese werden aus den Kernrohren herausgearbeitet und in Probebehälter eingefüllt (Abb. D-13).

Abb. D-13: Entnahme von gestörten Proben aus dem Kernrohr einer Kleinrammbohrung

Mit allen drei Kleinbohrverfahren (Handdrehbohrung, Kleinrammbohrung und Klein-druckbohrung) lassen sich aufgrund des kleinen Durchmessers gewöhnlich nur Proben der Güteklasse 5 gewinnen. Das beschriebene Probenentnahmeverfahren entspricht grundsätzlich der Entnahmekategorie C. In einigen leicht bindigen Böden kann aller-dings auch Entnahmekategorie B mit den Probengüteklassen 3 bis 5 erreicht werden.

Proben aus Spülbohrungen

Bei Spülbohrungen kann Probenmaterial aus den Absatzmulden bzw. Spülmulden ent-nommen werden (Abb. D-10). Aufgrund des Bohrvorgangs haben diese Proben aller-dings eine Qualität, die i. d. R. unterhalb der Güteklasse 5 liegt. Aus diesem Grund wer-den Spülbohrungen lediglich ergänzend zu anderen direkten Erkundungsmaßnahmen eingesetzt.

D-3.3   Übersicht der Bohrverfahren in Böden

In Tabelle D-03 (DIN EN ISO 22475-1) sind alle Bohrverfahren, die in Böden einsetzbar sind, inklusive der Bohrwerkzeuge zusammengestellt. Aus der Übersicht ist weiterhin die Eignung jedes Bohrverfahrens in Bezug auf Bodenart, Grundwasser und die Entnah-mekategorien sowie die erreichbaren Probengüteklassen zu entnehmen.

Tab. D-03: Bohrverfahren in Böden mit Probengewinnung gem. DIN EN 22475-1

Spalte	1	2	3	4	5	6	7	8	9	10	11
				Gerät			**Eignung des Bohrverfahrens** [a]				
Zeile	Lösen des Bodens [a]	Spülhilfe	Fördern der Probe mit	Bezeichnung	Werkzeug	Richtwerte Bohrlochdurchmesser mm	Ungeeignet für [c]	Bevorzugt einsetzbar für [c]	Erreichbare Entnahmekategorien [e]	Erreichbare Güteklasse [d]	Bemerkungen [°]
1	drehend	nein	Bohrwerkzeug	Rotationstrockenkernbohrverfahren [b]	Einfachkernrohr [°] / Hohlbohrschnecke	100 bis 200 / 100 bis 300	Grobkies, Steine, Blöcke	Ton, Schluff, Feinsand, Schluff / Ton, Schluff, Sand, organische Böden	B (A) / B (A)	4 (2–3) / 3 (1–2)	gut in Mitte, außen ausgetrocknet / –
2		ja	Bohrwerkzeug	Rotationskernbohrverfahren	Einfachkernrohr [°] / Doppelkernrohr [°] / Dreifachkernrohr [°]	100 bis 200	nicht bindige Böden	Ton, tonige, auch verkittete gemischtkörnige Böden, Blöcke	B (A) / B (A) / A	4 (2–3) / 3 (1–2) / 1	–
3		ja	Bohrwerkzeug	Rotationskernbohrverfahren	Doppel- oder Dreifachkernrohr mit Vorschneidkrone oder Vorsatz	100 bis 200	Kies, Steine, Blöcke	Ton, Schluff	A	2 (1)	–
4	drehend	nein	Bohrwerkzeug	Schneckenbohrverfahren	Gestänge mit Schappe, Schnecke oder Hohlbohrschnecke	100 bis 2 000	Blöcke größer als $D_e/3$	über GW-Oberfläche alle Böden, unter Grundwasseroberfläche alle bindigen Böden	B	4 (3)	–
5		ja	Umkehrspülung	Rotationsspülbohrverfahren	Gestänge mit Hohlmeißel	150 bis 1 300	–	Alle Böden	C (B)	5 (4)	–
6		nein	Bohrwerkzeug	Handdrehbohrverfahren	Schappe, Schnecke, Spirale	40 bis 80	Grobiges größer als $D_s/3$, dicht gelagerte Böden und unter Grundwasseroberfläche nicht bindige Böden	über GW-Oberfläche Ton bis Mittelkies; unter Grundwasseroberfläche bindige Böden	C'	5	nur für geringe Tiefen
7	rammend	nein	Bohrwerkzeug	Rammkernbohrverfahren	Rammkernrohr mit Schnittkante innen; auch mit Hülse oder Schnecke (oder Hörlbohr-schnecke) [b]	80 bis 200	Boden mit Korndurchmessen größer als $D_s/3$, feingeschichtete Böden, z. B. Warven	Ton, Schluff und Boden mit Korndurchmessen bis höchstens $D_s/3$	in nicht bindigen Böden: A / in nicht bindigen Böden: B (A)	2 (1) / 3 (2)	Rammdiagramm durch Messung der Schlagzahl
8		nein	Bohrwerkzeug	Rammbohrverfahren	Rammkernrohr mit Schnittkante außen [b]	150 bis 300	Boden mit Korndurchmessen größer als $D_s/3$	Kies und Boden mit Korndurchmessen bis höchstens $D_s/3$	B	4	–
9		nein	Bohrwerkzeug	Kleinrammbohrverfahren	Rammgestänge mit Entnahmerohr	30 bis 80	Boden mit Korndurchmessen größer als $D_s/2$	Boden mit Korndurchmessen bis höchstens $D_s/5$	C'	5	nur für geringe Tiefen
10	drehend, rammend	ja	Bohrwerkzeug	Rammrotationskernbohrverfahren	Einfach- oder Doppelkernrohr	100 bis 200	gemischtkörnige und reine Sande über 2,0 m Korndurchmesser, Kies, halbfeste und feste Tone	Ton, Schluff, Feinsand	in bindigen Böden: A / in nicht bindigen Böden: B	2 (1) / 4 (3)	–
11	vibrierend, langsames Drehen freigestellt	nein (nur zur Einbringung der Verrohrung)	Bohrwerkzeug	Vibrationsbohrverfahren	Dickwandiges Entnahmegerät oder Einfachkernrohr mit freigestelltem Innenrohr aus Kunststoff	80 bis 200	–	–	in bindigen Böden: B / in nichtbindigen Böden: C	4 / 5	–
12	schlagend	nein	Bohrwerkzeug	Schlagbohrung	Seil mit Schlagschappe	150 bis 500	über Grundwasseroberfläche Kies, Schluff, Sand und Kies	über GW-Oberfläche Kies, Schluff, unter Grundwasseroberfläche Ton	C (B)	4 (3)	–
13		nein	Bohrwerkzeug	Schlagbohrverfahren	Seil mit Ventilbohrer	100 bis 1 000	über Grundwasseroberfläche	Kies und Sand im Wasser	C (B)	5 (4)	auch in bindigen Böden unter Wasserzugabe möglich
14	drückend	nein	Bohrwerkzeug	Kleindruckbohrverfahren	Druckgestänge mit Entnahmerohr	30 bis 80	feste und grobkörnige Böden	Ton, Schluff, Feinsand	C'	5	nur für geringe Tiefen
15	greifend	nein	Bohrwerkzeug	Greiferbohrung	Seil mit Bohrlochgreifer	400 bis 1 500	feste, bindige Böden, Blöcke größer als $D_s/2$	Kies, Blöcke kleiner als $D_s/2$, Steine	über GW-Oberfläche: B / unter GW-Oberfläche: C	4 / 5	–

[°] Übliches Kernrohr oder Seilkernrohr

[a] Beim „Rammen" wird das Bohrwerkzeug mit einer besonderen Schlagvorrichtung eingetrieben. Beim „Schlagen" wird das Bohrwerkzeug selbst durch wiederholtes Anheben und Fallenlassen zum Eintreiben benutzt.

[b] Das Rotationstrockenkernbohrverfahren wird in der Regel dann eingesetzt, wenn die Beobachtung der Grundwasseroberfläche das wichtigste Ziel der Baugrunderkundung ist.

[c] Hierin bedeutet D_s der Innendurchmesser des Bohrwerkzeugs.

[d] Die in Klammern gesetzten Angaben bedeuten, dass die jeweiligen Entnahmekategorien und Güteklassen nur bei besonderen Bodenbedingungen, die in solchen Fällen erläutert werden müssen, erreicht werden können.

[e] Entnahmekategorie B ist in manchen leicht bindigen Böden möglich.

ANMERKUNG Reine Spülbohrungen werden nicht erwähnt, da mit ihnen in der Regel nur eine Probengüte unterhalb der Güteklasse 5 erreicht werden kann.

D-3.4   Indirekte Verfahren

Sondierungen gehören zu den indirekten Aufschlussverfahren. Sie können direkte Aufschlüsse nicht ersetzen, aber sinnvoll ergänzen. Die Messgrößen geben Auskunft über die Beschaffenheit und die Festigkeit des sondierten Baugrunds. Dabei gilt, zur Identifikation und Klassifikation des Baugrunds müssen die Ergebnisse von Probenentnahmen von mindestens einer Bohrung oder einem Schurf für die Auswertung der Ergebnisse verfügbar sein. Sondiert wird mit Stäben (Sonden), die in den Untergrund eingebracht werden.

Mithilfe des Widerstandes, den der Boden dem Einbringen der Sonde entgegensetzt, dem sog. Sondierwiderstand, können Schichtgrenzen erfasst werden. Weiterhin können über vorhandene Korrelationen, also über Zusammenhänge zwischen Messgrößen und bestimmten Bodenkennwerten, Rückschlüsse auf bodenmechanische Eigenschaften, wie z. B. die Lagerungsdichte oder die Scherfestigkeit gezogen werden.

Für Sondierungen stehen eine Vielzahl von unterschiedlichen Verfahren zur Verfügung, welche sich hinsichtlich der Einbringung und Form der Sonden sowie der Messwerte unterscheiden. Als Ansatzpunkt für die Sondierungen kommen dabei entweder die Geländeoberkante (GOK) oder die Bohrlochsohle in Frage. Anhand von Schlagzahlen, Druck und Reibung sowie Drehmoment lassen sich Rückschlüsse auf ausgewählte bodenmechanische Kennwerte ziehen. In der nachfolgenden Übersicht sind den verschiedenen Verfahren Ramm-, Druck- und Feldflügelsondierung jeweils Ansatzpunkt, Messwerte und Kennwerte, die sich u. a. ableiten lassen, zugeordnet (Abb. D-19).

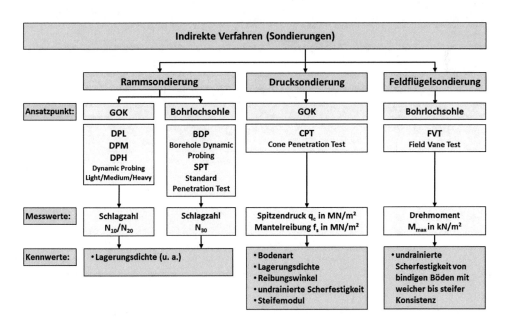

Abb. D-19: Indirekte Verfahren der Baugrunderkundung

D-3.4.1 Durchführung von Ramm- und Bohrlochrammsondierungen

Die Versuchsergebnisse von Rammsondierungen und Bohrlochrammsondierungen/ Standard Penetration Tests können in Verbindung mit direkten Erkundungsmethoden zur qualitativen Bewertung eines Bodenprofils (vgl. Kapitel D-3.4.2) herangezogen werden.

Durch die Anwendung von geeigneten Beziehungen (Korrelationen), die u.a. in DIN EN 1997-2 enthalten sind, dürfen die genannten Sondierungen ebenfalls zur Ermittlung von Festigkeits- und Verformungseigenschaften einiger Böden herangezogen werden. Darüber hinaus lässt sich die Tiefe tragfähiger Bodenschichten, z. B. zur Festlegung von Pfahllängen, bestimmen. Auch locker gelagerte, hohlraumreiche bzw. aufgefüllte und damit nicht tragfähige Baugrundbereiche können erfasst werden.

In Tabelle D-04 sind detaillierte technische Angaben zu den verschiedenen Typen von Ramm- und Bohrlochrammsondierungen zusammengestellt.

Tab. D-04: Arten und Bezeichnungen verschiedener Rammsondiertypen

Bezeichnung	Kurz-zeichen	Messwerte „Schlagzahl"	max. Tiefe in m	Fallgewicht in kg	Fallhöhe in m	Spitzenquer-schnitt in cm²	Spitzen-durchmesser in mm
Leichte Rammsonde	DPL	N_{10}	10	10	0,50	10	35,7
	DPL-5*	N_{10}	8			5	25,2
Mittelschwere Rammsonde	DPM	N_{10}	20	30	0,50	10	35,7
Schwere Rammsonde	DPH	N_{10}	25	50	0,50	15	43,7
Überschwere Rammsonde	DPSH-A	N_{20}	40	63,5	0,50	16	45,0
	DPSH-B				0,75	20	50,5
Bohrloch-rammsonde	BDP	N_{30}	ab Bohrloch-sohle	63,5	0,76	20	50,5
Standard Penetration Test	SPT	N_{30}					51

*DPL-5 nicht aus DIN 4094-3 in DIN EN ISO 22476 übernommen, ist aber gut einzusetzen bei beengten Platzverhältnissen.

Rammsondierungen

Rammsondierungen (DIN EN ISO 22476-2) werden von der Geländeoberfläche ausgeführt, dabei wird die Rammsonde mittels Rammbär, der ein definiertes Gewicht und eine definierte Fallhöhe (Tab. D-04) hat, in den Boden eingetrieben (Abb. D-20, links).

Als Messgröße wird die Anzahl der Schläge (N_{10} bzw. N_{20}) erfasst, welche erforderlich ist, um die Rammsonde mit kegelförmiger Spitze 10 cm bzw. 20 cm in den zu untersuchenden Boden/Baugrund einzurammen.

Die Ergebnisse werden in einem Rammsondierdiagramm (Abb. D-20, rechts), welches als Rammsondierprofil bezeichnet wird, dokumentiert. Konkret werden dabei die erreichten Schlagzahlen N über die Sondiertiefe abgetragen.

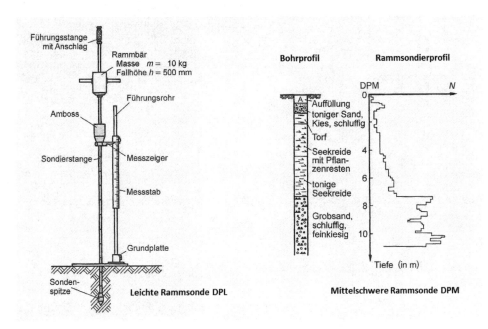

Abb. D-20: Rammsondiergerät (li) und Rammsondierprofil (re), verändert nach [9]

Ist der Rammwiderstand des Bodens an einem Punkt so groß, dass die Anzahl der notwendigen Rammschläge, die in DIN EN ISO 22476-2 angegebenen Höchstwerte für die Schlagzahlen u. a. um das Zweifache übersteigt, ist die Sondierung abzubrechen.

Gem. DIN EN ISO 22476-2 werden leichte (DPL), mittelschwere (DPM), schwere (DPH) und überschwere (DPSH) Rammsondierungen unterschieden (Tab. D-04). In Deutschland kommen überwiegend die leichte und die schwere Rammsondierung zum Einsatz.

Bohrlochrammsondierungen/Standard Penetration Test

Bohrlochrammsondierungen/Standard Penetration Test werden jeweils von der Bohrlochsohle ausgeführt. Dabei weicht das deutsche Verfahren „Bohrlochrammsondierung (BDP)" gem. DIN EN ISO 22476-14 hinsichtlich Spitzendurchmesser geringfügig von dem international verbreiteteren „Standard Penetration Test (SPT)", welcher in DIN EN ISO 22476-3 geregelt ist, ab (Tab. D-04).

Bei der Bohrlochrammsondierung wird die Sonde 45 cm in den Baugrund eingerammt (Abb. D-21), wobei aber nur die Anzahl der Schläge (N_{30}) gezählt wird, die für das Einrammen der letzten 30 cm erforderlich war.

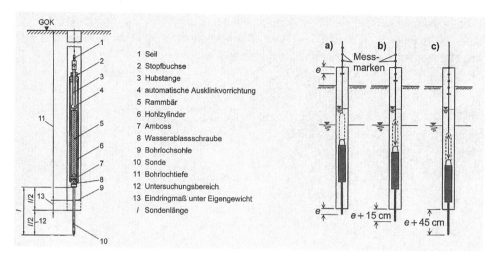

Abb. D-21: Bohrlochsonde (li) und Durchführung der Bohrlochrammsondierung (re) [9]

D-3.4.2 Auswertung von Ramm- und Bohrlochrammsondierungen

Die statistischen Zusammenhänge (Korrelationen) zwischen den Messgrößen N_{10} und N_{30} und beispielsweise der Lagerungsdichte D sowie der bezogenen Lagerungsdichte I_D sind logarithmische Funktionen. Diese sind in Abhängigkeit des Sondierverfahrens jeweils für ausgewählte Bodengruppen gem. DIN 18196 (vgl. Kap. F) mit und ohne Grundwasser sowie die Ungleichförmigkeitszahl C_u aus Tabelle D-05 zu entnehmen.

Tab. D-05: Zusammenhänge (Korrelationen) zur Auswertung von Rammsondierungen [3]

Bodengruppe gem. DIN 18198	Lagerungsdichte D bezogene Lagerungsdichte I_D	SE, $C_u \leq 3$, ohne Grundwasser	SE, $C_u \leq 3$, mit Grundwasser	SW, GW, $C_u \geq 6$, ohne Grundwasser
DPL Schlagzahl N_{10}	D =	$0{,}03 + 0{,}27 \lg N_{10}$	$0{,}13 + 0{,}25 \lg N_{10}$	
	$I_D =$	$0{,}15 + 0{,}26 \lg N_{10}$	$0{,}21 + 0{,}23 \lg N_{10}$	
DPL-5 Schlagzahl N_{10}	D =	$0{,}02 + 0{,}375 \lg N_{10}$	$0{,}14 + 0{,}315 \lg N_{10}$	
	$I_D =$	$0{,}10 + 0{,}365 \lg N_{10}$	$0{,}22 + 0{,}300 \lg N_{10}$	
DPH Schlagzahl N_{10}	D =	$0{,}02 + 0{,}455 \lg N_{10}$	$0{,}15 + 0{,}405 \lg N_{10}$	$0{,}545 \lg N_{10} - 0{,}18$
	$I_D =$	$0{,}10 + 0{,}435 \lg N_{10}$	$0{,}23 + 0{,}380 \lg N_{10}$	$0{,}550 \lg N_{10} - 0{,}14$
BDP Schlagzahl N_{30}	D =	$0{,}02 + 0{,}400 \lg N_{30}$	$0{,}10 + 0{,}390 \lg N_{30}$	$0{,}450 \lg N_{30} - 0{,}08$
	$I_D =$	$0{,}10 + 0{,}385 \lg N_{30}$	$0{,}18 + 0{,}370 \lg N_{30}$	$0{,}455 \lg N_{30} - 0{,}03$

SE: enggestufte Sande; SW: weitgestufte Sande; GW: weitgestufte Kiese (Bodengruppen gem. DIN 18196)

Anhand der aus den Messgrößen N_{10} bzw. N_{30} ermittelten Zahlenwerte für die Lagerungsdichte D oder alternativ für die bezogene Lagerungsdichte I_D lässt sich schließlich die Lagerungsdichte qualitativ benennen (Tab. D-06). Für viele erdstatische Nachweise ist tragfähiger Boden und damit eine mindestens mitteldichte Lagerung notwendig.

Tab. D-06: Qualitative Benennung der Lagerungsdichte anhand von Lagerungsdichte D und bezogener Lagerungsdichte I_D, nach [12] und DIN EN ISO 14688-2

Lagerungsdichte D*	Bezogene Lagerungsdichte I_D	Benennung der Lagerungsdichte
D < 0,15	I_D < 0,15	sehr locker
$0,15 \leq D < 0,30$	$0,15 \leq I_D < 0,35$	locker
$0,30 \leq D < 0,50$	$0,35 \leq I_D < 0,65$	**mitteldicht**
$0,50 \leq D < 0,75$	$0,65 \leq I_D < 0,85$	dicht
$0,75 \leq D$	$0,85 \leq I_D$	sehr dicht

* Angaben gelten für grobkörnige Böden mit Ungleichförmigkeitszahlen von $C_u \leq 3$

D-3.4.3   Durchführung von Drucksondierungen

Bei der Drucksondierung, die auch als Cone Penetration Test oder abgekürzt mit CPT (DIN 22476-1) bezeichnet wird, drückt man eine Sonde mit gleichbleibender Geschwindigkeit (20 mm/s $\pm$ 5 mm/s) in den Baugrund ein, wobei die aufzubringende statische Kraft entsprechend anzupassen ist. Zum Eindrücken der Sonde sind z. T. sehr große statische Kräfte aufzubringen, die ein entsprechendes Widerlager als Gegenkraft erfordern. Oft sind die Drucksonden deshalb in schweren Fahrzeugen installiert (Abb. D-22).

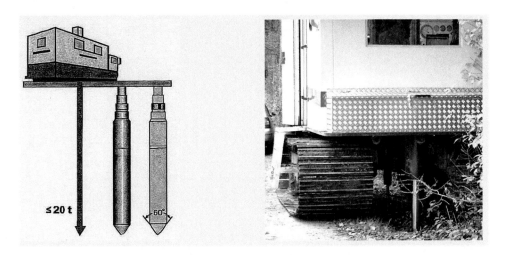

Abb. D-22: Drucksondiergerät (CPT), links schematisch [4], rechts im Einsatz [10]

Während der Sondierung werden kontinuierlich Gesamtwiderstand, Spitzendruck bzw. Spitzenwiderstand q_c und Mantelreibung f_s als Messgrößen jeweils getrennt, und entweder elektrisch (CPT: DIN 22476-1) oder mechanisch (CPTM: DIN 22476-12) erfasst sowie in Diagrammen bzw. Drucksondierprofilen (Abb. D-23) über die Tiefe aufgetragen. Darüber hinaus kann der Porenwasserdruck u gemessen werden (CPTU). Aufgrund der getrennten Erfassung der genannten Messgrößen sind die Ergebnisse von Drucksonden in der Regel eindeutiger und präziser als die von Rammsonden.

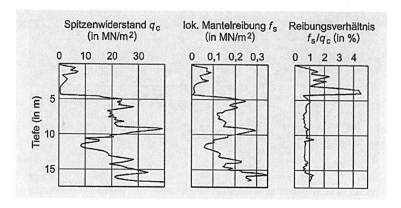

Abb. D-23: Ergebnisse einer Drucksondierung [9]

D-3.4.4   Auswertung von Drucksondierungen

Anhand eines Zusammenhangs zwischen dem Spitzenwiderstand und dem Reibungsverhältnis, dem Quotienten aus Mantelreibung (f_s) und Spitzenwiderstand, lassen sich erste Rückschlüsse auf die anstehenden Bodenarten (Abb. D-24) ziehen, die jedoch anhand von Ergebnissen aus direkten Aufschlüssen verifiziert werden müssen. International verbreitet ist auch die Methode von ROBERTSON et al. [14], [15].

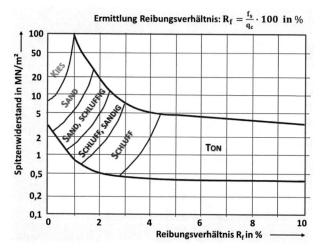

Abb. D-24: Beziehung zwischen Spitzenwiderstand q_c und Reibungsverhältnis R_f für typische Bodenarten, in Anlehnung an [13]

In DIN EN 1997-2 werden verschiedene Zusammenhänge bzw. Korrelationen aufgeführt, mit denen der Reibungswinkel φ' eines Bodens anhand des Spitzenwiderstandes q_c bestimmt werden kann. Für Sande und Kiese (Bodengruppe SE, SW und GW) existieren Zusammenhänge, mit denen die Lagerungsdichte D und die bezogene Lagerungsdichte I_D in Abhängigkeit vom Spitzenwiderstand ermittelt werden können. In Abbildung D-25 sind die beschriebenen Korrelationen beispielhaft für enggestufte Sande (Bodengruppe SE) über Grundwasser dargestellt.

Darüber hinaus lässt sich gem. DIN EN 1997-2 für Böden der Bodengruppen SE und SW sowie für mindestens steife, teilgesättigte und leichtplastische Tone der Bodengruppe TL anhand des Spitzendrucks der spannungsabhängige Steifemodul errechnen.

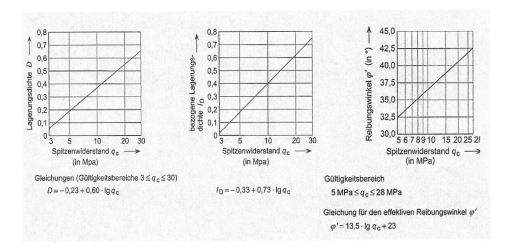

Abb. D-25: Zusammenhänge für enggestufte Sande (SE) über Grundwasser zwischen Spitzendruck und Lagerungsdichte, bezogener Lagerungsdichte sowie Reibungswinkel φ' [9]

D-3.4.5   Durchführung von Feldflügelsondierungen

Feldflügelsondierungen (FVT: Field Vane Test) werden gem. DIN EN ISO 22476-9 in wassergesättigten feinkörnigen Böden, wie z. B. Tonen, Schluffen und organischen Böden mit breiiger bis steifer Konsistenz zur Bestimmung der undrainierten Scherfestigkeit durchgeführt. In Abhängigkeit der Konsistenz sind die Flügelgrößen zu wählen. Der Flügel ist in Form von vier rechteckigen Stahlblechen am unteren Ende des Gestänges angeordnet (Abb. D-26). Die Höhe des Flügels muss dabei doppelt so groß wie dessen Durchmesser sein. Die Stahlbleche sind üblicherweise 100 oder 150 mm hoch.

Die Feldflügelsonde wird bis zur geplanten Untersuchungstiefe in den Boden eingedrückt. Hier muss die Oberkante des Flügels mindestens 0,3 m unterhalb der Bohrlochsohle liegen, um die Ergebnisse durch eine mögliche Störung der Bohrsohle nicht zu verfälschen. Danach ist der Flügel mit geringer und konstanter Drehgeschwindigkeit bis zum Abscheren des zylindrischen Bodenkörpers zu drehen, wobei der Widerstand des Bodens als Drehmoment erfasst wird. Wird die Flügelsondierung in mehreren Untersuchungstiefen durchgeführt, so muss zwischen diesen ein vertikaler Abstand von 0,5 m eingehalten werden. Benachbarte Untersuchungsstellen sollten mindestens 2 m voneinander entfernt sein. Diese Abstände sind nötig, damit nur Bodenbereiche untersucht werden, die von der bereits durchgeführten Flügelsondierung unbeeinflusst sind.

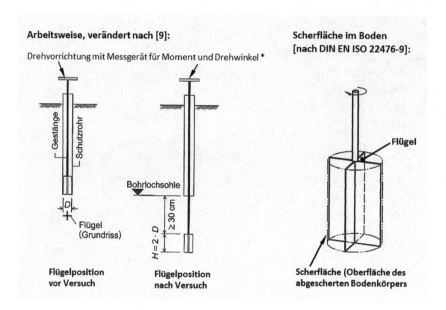

Abb. D-26: Flügelsonde – Arbeitsweise und Scherfläche

D-3.4.6   Auswertung von Feldflügelsondierungen

Für einen Flügel mit rechteckigen Stahlblechen und einem vorgegebenen Verhältnis von Höhe und Durchmesser (H = 2 · D) ergibt sich die maximale Scherfestigkeit c_{fv} zu:

$$c_{fv} = \frac{6 \cdot T_{max}}{7 \cdot \pi \cdot D^3} \tag{D06}$$

In Gleichung (D06) ist c_{fv} also die maximale Scherfestigkeit des Bodens in kN/m², abgeleitet aus dem maximalen Drehmoment T_{max} in kNm beim erstmaligen Abscheren und D der Flügeldurchmesser (Abb. D-26) in m. Durch Multiplikation mit einem Korrekturfaktor μ, welcher DIN EN 1997-2, Anhang I entnommen werden kann, ergibt sich schließlich die undrainierte Scherfestigkeit c_{fu}. Die Größe des Korrekturfaktors μ ist von Konsistenzgrenzen und/oder dem Konsolidierungsgrad des Bodens und/oder der vertikalen Spannung im Boden abhängig.

D-4 Dokumentation und Darstellung der Baugrunderkundung

D-4.1 Dokumentation

Alle direkten Verfahren sind gem. DIN EN ISO 22475-1 zu dokumentieren, d. h. mit den vorgegebenen Angaben zu versehen:

- ⇨ Erkundungsverfahren,
- ⇨ Probenentnahme (Art und Tiefe),
- ⇨ Ergebnisse der Erkundung.

Dazu führt der Bohrgeräteführer nach DIN EN ISO 22475-1, Anhang B.4 vor Ort ein Schichtenverzeichnis, in welches er alle erforderlichen Angaben einträgt (Abb. D-14).

Name des Unter-nehmens:	*Tiefbohr-AG*	**Schichtenverzeichnis nach ISO 14688-1 und ISO 14689-1**		Seite: ***01/ 2016***
Name des Auftraggebers:	***Erich Flint***	Datum	***30.06.2016***	Aufschluss: ***Bohrung 1/ 2016***
Bohrverfahren:	***Rammkern***	Geländeneigung	***horizontal***	Projektnummer: ***001/ 16***
Projekt-bezeichnung:	***Neubau Bürogebäude***	Name und Unterschrift des qualifizierten Technikers: ***gez. Müller***		

1	2	3	4	5	6	7
	Bezeichnung der Boden- bzw. Felsart Ergänzende Bemerkungen		**Beschreibung der Probe**	**Beschreibung des Bohrfortschritts**	**Proben, Versuche**	**Bemerkungen**
Tiefe bis m	Geologische Benennung (Stratigraphie)	**Farbe** **Kalk-gehalt**	Konsistenz, Plastizität, Härte, einachsige Festigkeit, Kornform, Matrix, Verwitterung, Trennflächen, usw.	Bohrbarkeit, Kernform, Meißeleinsatz, Beobachtungen usw.	Typ, Nummer, Tiefe	Wasserführung, Spülung, Bohrwerkzeuge, Verrohrung, Kernverlust, Kernlänge
	Mittelsand, feinsandig, humos	*braun*	*abgerundet, erdfeucht*	*leicht zu bohren*		*Schappe Ø 165, vorgebohrt bis 1,8 m, Gestänge drehend*
0,3	*Mutterboden, OH*	*0*			*G1: 0,3 m*	
	Oberboden					
	Torf	*schwarz*	*nicht zersetzt, weich*	*leicht zu bohren*		*Wasser 1,70 m unter AP, Seil, gerammt, 100kg/ Hub 300, 3 Schläge/ 300, 5 Schläge/ 300*
1,8	*Flachmoor, HN*				*G2: 0,8m, S1: 1,0m; S2: 1,5 m*	
	Moor					
	Ton, schluffig, sandig, steinig	*grau*	*steif*	*schwer zu bohren*		*Schappe Ø 133, 30 Schläge/ 300, 45 Schläge/ 300*
6,5	*Kreidestücke, TL*	*++*			*G3: 2,5m S3: 3,0m S4: 4,5 m G4: 6,5 m*	
	Geschiebelehm, Weichsel-eiszeit					
	Mittelsand, stark feinsandig, grobsandig	*bunt*	*abgerundet*	*schwer zu bohren*		*Wasser 6,50 m, steigt auf 3,80 m unter AP. Ventilbohrer Ø 133*
14,9	*SW*	*0*			*G5: 8,5m G6: 10,3m G7: 12,5m G8: 14,9m*	
	Saaleeiszeit					
	Fels, sedimentär, mittlere Korngröße, verfärbt	*rot*		*leichte Meißelarbeit*		*Kreuzmeißel Ø 121, unverrohrt, ab 14,90 m im Endwasserstand 4,10 m unter AP.*
15,8	*Sandstein, laminiert, mittlere Gesteinsgröße*	*0*			*G9: 15,5m*	
	Buntsandstein					

Abb. D-14: Schichtenverzeichnis [1]

Für die Interpretation der Bohrergebnisse ist es darüber hinaus wichtig, Besonderheiten, wie z. B. Bohrfortschritt oder Wasserführung im Baugrund zu dokumentieren, da diese später nicht mehr reproduzierbar sind. Außerdem ist jeder Bohransatzpunkt lage- und höhenmäßig einzumessen. Bei einer Erkundung mit Schürfen ist in gleicher Weise vorzugehen.

Der Gutachter muss die Bohrarbeiten und die Probenentnahme je nach Schwierigkeitsgrad stichprobenartig oder kontinuierlich überwachen und steuern. Die Aufgabe des Gutachters besteht weiterhin darin, anhand der entnommenen Bodenproben und ggf. mit Hilfe bodenmechanischer Laborversuche, die im Schichtenverzeichnis dokumentierte Bodenansprache des Bohrgeräteführers zu prüfen und eventuell zu überarbeiten (Zweitansprache des Baugrunds).

D-4.2   Darstellung

Die überarbeiteten Schichtenverzeichnisse sind die Grundlage für die Bohrprofile, welche vom Gutachter erstellt werden.

In Bohrprofilen (Abb. D-15) werden die Bohrergebnisse zeichnerisch einheitlich und maßstabsgetreu gem. DIN 4023 (Abb. D-16 und D-17) dargestellt. Dabei müssen Bohrprofile folgende Informationen enthalten:

⇨   Geländehöhe des Bohransatzpunktes,
⇨   Bodenansprache (Art, Tiefe, Klassifikation, z. B. Bodengruppe gem. DIN 18196),
⇨   Grundwasserstand und Schichtwasserstände (Art, Tiefe, Datum, Zeitdauer),
⇨   Konsistenz bindiger Böden,
⇨   Lagerungsdichte nichtbindiger Böden,
⇨   Art und Tiefe der Entnahme von Proben.

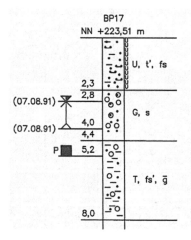

Bei der Bohrung Nr. 17 (Bohransatzpunkt NN +223,51; durchgehende Gewinnung nicht gekernter Bodenproben) wurden folgende Schichten angetroffen:

0,0...2,3 m: schwach toniger Schluff, feinsandig, nass

2,3...4,4 m: sandiger Kies

4,4...8,0 m: schwach feinsandiger Ton, stark kiesig.

Grundwasser wurde am 07.08.91 bei 4,0 m angetroffen; es stieg am gleichen Tag auf 2,8 m an. Bei 5,2 m wurde eine Sonderprobe entnommen.

Abb. D-15: Bohrprofil, verändert nach [1]

1	2	3		1	2	3
Benennung	Kurzformen	Zeichen		Benennung	Kurzformen	Zeichen
Grobkies, steinig	gG, x			Mutterboden	Mu	Mu
Feinkies und Sand	fG/S			Verwitterungslehm, Hanglehm	L	
Grobsand, mittelkiesig	gS, mg			Hangschutt	Lx	
Mittelsand, schluffig, humos	mS, u, h			Geschiebelehm	Lg	
Schluff, stark feinsandig	U, fs*			Geschiebemergel	Mg	
Torf, feinsandig, schwach schluffig	H, fs, u'			Löß	Lö	
Seekreide mit organischen Beimengungen	Wk, o			Lößlehm	Löl	
Klei, feinsandig	Kl, fs			Klei, Schlick	Kl	
Sandstein, schluffig	Sst, u			Wiesenkalk, Seekalk, Seekreide, Kalkmudde	Wk	
Salzgestein, tonig	Sast, t			Bänderton	Bt	
Kalkstein, schwach sandig	Kst, s'			Mudde (Faulschlamm)	F	
				Auffüllung	A	A

Zeichen	Benennung
Proben	
A2 ■ NN+352,1	Probe Nr 2, entnommen mit einem Verfahren der Entnahmekategorie A z. B. aus 19,0 m Tiefe = NN + 352,1 m
B1 ⊠ NN+114,8	Probe Nr 1, entnommen mit einem Verfahren der Entnahmekategorie B z. B. aus 5,2 m Tiefe = NN + 114,8 m für Untersuchungen ausgewählt
C1 ☐ NN+475,7	Probe Nr 1, entnommen mit einem Verfahren der Entnahmekategorie C z. B. aus 15,5 m Tiefe = NN + 475,7 m
W8 △ NN+56,9	Wasserprobe Nr. 8 z. B. aus 11,9 m Tiefe = NN + 56,9 m
‖	gekernte Strecke
Angaben zum Grundwasser	
▽ 8,9 (2003-09-20)	Grundwasseroberfläche (beim Aufschluss angetroffen) z. B. am 20.9.2003 in 8,9 m unter Gelände angebohrt
▽ 8,9 (2003-09-20) 3ʰ	Grundwasserstand nach Beendigung der Bohrung oder bei Änderung des Wasserspiegels nach seinem Antreffen jeweils mit Angaben der Zeitdifferenz in Stunden (z. B. 3 h) nach Einstellen oder Ruhen z. B. am 20.9.2003 in 8,9 m unter Gelände angebohrt
▼ NN+118,0 2003-05-10	Ruhewasserstand z. B. am 10.5.2003 bei NN+118,0 m in einer Grundwassermessstelle
▽ NN+365,7 (2003-05-10) 10ʰ ⋀ NN+355,7	Grundwasseranstieg während oder nach der Aufschlusstätigkeit z. B. am 10.5.2003 Grundwasser in 15,8 m unter Gelände = NN + 355,7 m angebohrt, Anstieg des Wassers bis 5,8 m unter Gelände = NN + 365,7 m nach 10 Stunden
▽ NN+11,7 (2003-05-10) ↓	Wasser versickert z. B. am 10.5.2003 in NN + 11,7 m

Abb. D-16: Kurzzeichen für Böden und Felsarten (oben) sowie Angaben zur Probenentnahme und zum Grundwasser (unten) – Auswahl nach DIN 4023

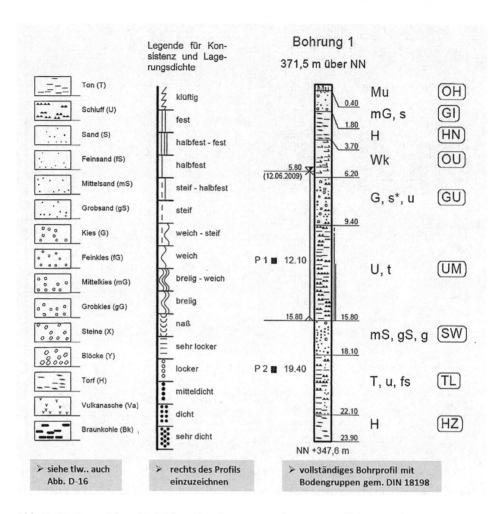

Abb. D-17: Kurzzeichen für Böden, Konsistenzen und Lagerungsdichten und vollständiges Bohrprofil – Auswahl nach DIN 4023, verändert nach [1]

D-5   Ausbau von Bohrungen zu Grundwassermessstellen

Für die Planung jedes Bauwerks muss die Baugrunderkundung auch Angaben zur Tiefenlage und chemischen Zusammensetzung des Grundwassers bereitstellen. Grundwasser kann neben Schadstoffen (Kontamination) u. a. auch betonangreifende Stoffe enthalten, welche sich chemisch nachteilig auf Beton (DIN 4030-1) auswirken können.

Zur Einmessung des Grundwasserstandes und zur Entnahme von Grundwasserproben können Bohrungen im Rahmen der Baugrunderkundung zu Grundwassermessstellen (Abb. D-18) ausgebaut werden. Die Einmessung des Grundwasserstandes erfolgt i. d. R. mit Licht- oder Akkustikloten.

Das Ausbaumaterial (diverse Rohre) für Grundwassermessstellen besteht in der Regel aus PVC und wird zentrisch in das Bohrloch eingestellt. Im unteren Bereich befindet sich das geschlossene Sumpfrohr oder eine Bodenkappe. Darauf ist ein weiteres, radialsymmetrisch geschlitztes Rohr, das sogenannte Filterrohr aufgeschraubt, in welches von außen Wasser zulaufen kann. Filterrohre sind dort anzuordnen, wo die Spiegelhöhe des Grundwassers bestimmt werden soll. Das Filterrohr wird mit einem weiteren Vollrohr, dem Aufsatzrohr verbunden, welches mit einer verriegelbaren Kappe (Seba-Kappe) sicher verschlossen werden kann.

Der Ringraum zwischen Ausbaumaterial und Bohrlochwandung ist im Bereich des Filterrohrs mit Filterkies, ansonsten mit Bohrgut zu verfüllen. Zum Schutz gegen Zutritt von Oberflächenwasser, welches die Messergebnisse verfälschen könnte, ist im oberen Bereich der Grundwassermessstelle eine Tonsperre (Quellton) einzubringen.

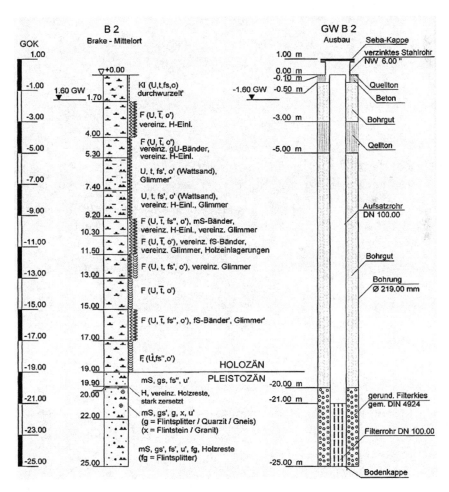

Abb. D-18: Bohrprofil und Ausbauplan der Grundwassermessstelle [5]

D-6   Checkpoint (D)

(1)   Wozu werden Baugrunderkundungen durchgeführt?

(2)   Wann muss die Baugrunderkundung durchgeführt werden?

(3)   Wie wird eine Baugrunderkundung durchgeführt?

(4)   Wie werden Art und Umfang der Untersuchungen für eine Baugrunderkundung festgelegt?

(5)   Was versteht man unter direkten und indirekten Verfahren zur Baugrunderkundung? Worin besteht der Unterschied zwischen beiden Verfahren?

(6)   Geben Sie für direkte und indirekte Erkundungsverfahren jeweils Beispiele an.

(7)   Dürfen ausschließlich indirekte Verfahren für eine Baugrunderkundung verwendet werden? Begründen Sie Ihre Antwort kurz.

(8)   Nach welchen Kriterien ist ein geeignetes Bohrverfahren auszuwählen?

(9)   Wie werden Tiefe, Lage und Anzahl der Baugrundaufschlüsse festgelegt?

(10) Beschreiben Sie das Trockenbohrverfahren, das Spülbohrverfahren und das Kleinrammbohrverfahren hinsichtlich Durchführung, Bohrlochstützung, erreichbarer Tiefen und Güteklassen der gewinnbaren Proben.

(11) Erläutern Sie, welche Funktion die Probengüteklassen und Entnahmekategorien grundsätzlich haben?

(12) Welche Probengüteklassen und Entnahmekategorien werden unterschieden?

(13) Der erbohrte Boden muss vor Ort beschrieben und benannt werden (Bodenansprache). Beschreiben Sie, wie man erkennen kann, ob es sich bei dem erbohrten Boden z. B. um Mittelsand, Ton oder Schluff handelt.

(14) Wie wird die Dokumentation der Bohrarbeiten vor Ort bezeichnet und wer führt diese durch?

(15) Wie nennt man die zeichnerische Darstellung der geprüften Bohrergebnisse und welche Informationen müssen hier enthalten sein? Von wem sind die Bohrergebnisse grafisch auszuwerten?

(16) Wozu werden indirekte Erkundungsverfahren (Sondierungen) durchgeführt?

(17) Welche indirekten Erkundungsverfahren (Sondierungen) gibt es?

(18) Wie erfolgt die Durchführung und Auswertung von Sondierungen prinzipiell?

(19) Welches Sondierverfahren kann z. B. welche Angaben zum Baugrund liefern?

(20) Erläutern Sie, wie eine Grundwassermessstelle aufgebaut ist und wozu diese benötigt wird.

(21) Wie und wo wird der Grundwasserstand im Baugrund eingemessen?

D-7 Literatur (D)

[1] Dörken, Dehne, Kliesch (2017): Grundbau in Beispielen Teil 1, 6. Aufl., Bundesanzeiger Verlag Köln

[2] DIN (Hrsg.) (2011): Handbuch Eurocode 7 Geotechnische Bemessung, Band 1: Allgemeine Regeln und Band 2: Erkundung und Untersuchung

[3] Engel, Lauer (2010): Einführung in die Boden- und Felsmechanik – Grundlagen und Berechnungen, 1. Aufl., Carl Hanser Verlag

[4] Buja (2009): Handbuch der Baugrunderkennung, Geräte und Verfahren, 1. Aufl., Vieweg und Teubner

[5] Boley (2012): Handbuch Geotechnik, 1. Aufl., Vieweg und Teubner

[6] Siebenborn (2011): Direkte Baugrundaufschlüsse in Böden, Deutsche Brunnenbauertage und BAW-Baugrundkolloquium „Baugrundaufschlüsse: Planung, Ausschreibung, Durchführung, Überwachung und Interpretation" vom 13. - 15. April 2011 im Bau-ABC Rostrup, Bad Zwischenahn: https:// izw.baw.de /publikationen /kolloquien / 0 / 05-SiebenbornDirekte.pdf, Abruf am 19.9.2017

[7] Witt (Hrsg.) (2009): Grundbautaschenbuch, Teil 3: Gründungen und Geotechnische Bauwerke, 7. Aufl., Ernst & Sohn

[8] Quante (2016): Bohrverfahren in der Geothermie, Grundlagen der Bohr- und Spülungstechnik, 2. Willicher Praxistage Geothermie, Energiezentrum Willich 29. und 30.8.2016: https://www.energiezentrum-willich.de/downloads/Praxistage/2016 /Quante_Bohrverfahren_in_der_Geothermie.pdf, Abruf 20.02.2021

[9] Möller (2016): Geotechnik - Bodenmechanik, 3. Aufl., Ernst & Sohn

[10] Wasserstraßen-Neubauamt Datteln Projekte: http://www.wna-datteln.wsv.de/ projektwna / Bildergalerie / images / DEK _ Nordstrecke _ Baugrundaufschluss / 24.JPG, Abruf am 21.09.2017

[11] Bauverein Winzerberg e.V. (Potsdam), http://www.winzerberg-potsdam.de/, Abruf am 25.03.2021 sowie Informationstafeln am Winzerberg Potsdam

[12] Deutsche Gesellschaft für Geotechnik (2021): Empfehlungen des Arbeitskreises „Baugruben" (EAB), 6. Aufl., Ernst & Sohn

[13] Witt (Hrsg.) (2017): Grundbautaschenbuch, Teil 1: Geotechnische Grundlagen, 8. Aufl., Ernst & Sohn

[14] Lunne, T., Robertson, P. K. und Powell, J. J. M. (1997): Cone Penetration Testing in Geotechnical Practice, N.Y., USA, Spoon Press, Taylor & Francis Group

[15] Robertson, P. K. (2009): Interpretation of cone penetration tests - a unified approach, s.l., NRC Research Press

E   Bodenkenngrößen –
Bodenuntersuchungen im bodenmechanischen Labor

E-1   Einführung

E-1.1   Kornformen und räumliche Strukturen von Böden

Die Wechselwirkungen zwischen Bauwerk und Baugrund hängen nicht nur von der gewählten Gründungsart (z. B. Flachgründung mit Einzelfundament oder Pfahlgründung), sondern auch entscheidend von den Eigenschaften der im Gründungsbereich anstehenden Böden ab. Diese Eigenschaften werden qualitativ und quantitativ durch Bodenkenngrößen beschrieben.

Dabei werden die Eigenschaften des Bodens nicht ausschließlich von der Korngröße und der Kornform, sondern auch entscheidend von der räumlichen Anordnung der einzelnen Körner bzw. der Minerale, welche als Struktur oder als Gefüge bezeichnet wird, beeinflusst.

In Abhängigkeit von ihrer jeweiligen mineralischen Zusammensetzung weisen die einzelnen Bodenarten unterschiedliche räumliche Strukturen auf. So bilden Kiese, Sande und Grobschluff eine sogenannte Einzelkornstruktur (Abb. E-01). Die Hohlräume von Einzelkornstrukturen können unterschiedlich angeordnet und mit Wasser oder Luft gefüllt sein.

Die Form der einzelnen Körner ist dabei mehr oder weniger gerundet, weil die Konform von der Länge des Transportweges und von der Mineralart abhängt. Grundsätzlich gilt, je weiter der Transportweg des Korns und je weicher das Mineral, desto ausgeprägter fällt die Rundung der einzelnen Körner aus (Abb. E-01).

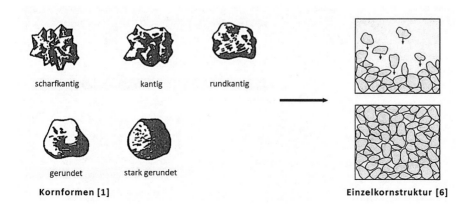

Kornformen [1]   **Einzelkornstruktur [6]**

Abb. E-01: Formen der Einzelkörner und Einzelkornstruktur von nichtbindigen Böden

Tonplättchen bilden in dichter Anordnung eine Parallelstruktur. In lockerer Anordnung ergibt sich aufgrund der unterschiedlichen elektrostatischen Ladung von Rand und Seiten der Tonplättchen eine Waben- oder Kettenstruktur, wenn die Sedimentation in Süßwasser erfolgt. Während der Sedimentation in Salzwasser bilden sich aus flächig haftenden Teilchen Aggregate, die lockere Flockenstrukturen aufbauen (Abb. E-02).

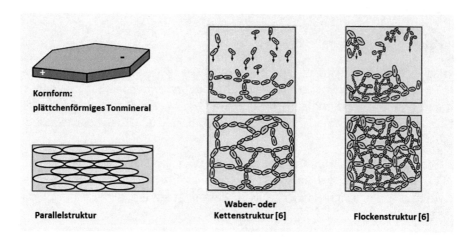

Abb. E-02: Kornform und Strukturen von Tonen

E-1.2　Übersicht Bodenkenngrößen

Die Bodenkenngrößen werden im bodenmechanischen Labor bestimmt, um den Boden zu beschreiben, zu beurteilen und zu klassifizieren, aber auch, um die Ergebnisse der Feldansprache zu verifizieren. Sämtliche Bodenkenngrößen lassen sich den Gruppen Stoffbestand, Stoffzustand und mechanische Eigenschaften zuordnen (Abb. E-03).

Abb. E-03: Bodenkenngrößen – Übersicht und Gruppierung

E-2   Stoffbestand

Der Stoffbestand beschreibt die stofflichen Anteile (Körner, Bodenwasser, Bodenluft, sowie chemische und organische Anteile), aus denen sich der Boden zusammensetzt.

E-2.1   Kennwerte der Phasenzusammensetzung

Die Kennwerte der Phasenzusammensetzung sind die Grundlage für die Beschreibung des Stoffzustandes des Bodens. Auch gehen sie teilweise als Basiskennwerte in erdstatische Berechnungen ein.

Boden kann als Dreiphasensystem beschrieben werden, da er aus einer festen (Feststoff), flüssigen (Wasser) und gasförmigen (Luft) Phase besteht. Die unterschiedlichen Massen- und Volumenanteile dieser Phasen werden zur Ermittlung der Kennwerte der Phasenzusammensetzung verwendet (Abb. E-04).

Da drei Anteile zu unterscheiden sind, werden zur Beschreibung des Dreiphasensystems in logischer Konsequenz auch drei unabhängige Kenngrößen benötigt, welche nur durch Messungen (Versuche) bestimmt werden können. Diese sind der Wassergehalt, die Feuchtdichte des Bodens und die Korndichte.

Aus den unabhängigen Kenngrößen können dann weitere Kennwerte (Porenanteil, Porenzahl, Sättigungszahl, Trockendichte, Sättigungsdichte, Dichte unter Auftrieb) mathematisch abgeleitet werden, ohne Versuche durchführen zu müssen.

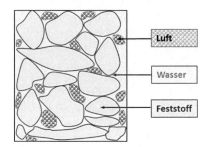

3 Phasen des Bodens

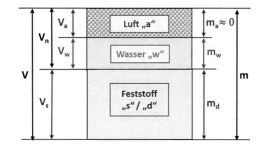

Volumen- und Massenanteile der 3 Phasen

Abb. E-04: Boden als Dreiphasensystem – Definition der Volumen- und Massenanteile

Mit Hilfe des Dreiphasenmodells (Abb. E-04), welches die unterschiedlichen Volumen- und Massenanteile für die Phasen Feststoff, Wasser und Luft abbildet, lassen sich die folgenden Definitionen für jeden der drei unabhängigen Kennwert veranschaulichen.

E-2.1.1   Feuchtdichte des Bodens

Definition

Die Dichte ist eine spezifische Masse (Gl. E01). Als Feuchtdichte ρ des Bodens wird das Verhältnis der Masse des feuchten Bodens m zum Volumen des Bodens V bezeichnet (siehe Abb. E-04):

$$\rho = \frac{m}{V} \qquad \left[\frac{g}{cm^3}\right] \tag{E01}$$

Versuchsdurchführung und Auswertung

Die Bestimmung der Feuchtdichte ρ erfolgt im Labor gemäß DIN EN ISO 17892-2. Dabei wird die Masse m durch Wägung, das Volumen V durch Ausmessen geometrisch regelmäßiger Probenkörper oder durch Tauchwägung von mit Paraffin umhüllten, unregelmäßigen Probenkörpern bestimmt. Diese Vorgehensweise erfordert eine Probe, die mindestens der Güteklasse 2 (vgl. Kapitel D-3.2.1) entspricht. Sollten sich keine standfesten Proben entnehmen lassen, kommen Ersatzverfahren im Feld (DIN 18125-2) zum Einsatz. Dabei wird eine Grube ausgehoben, deren Volumen V über das Volumen eines einzufüllenden Ersatzmaterials (Ballon, Sand, Gips oder Flüssigkeiten) ermittelt wird. Die Masse m des ausgehobenen Materials wird durch Wägung bestimmt. Häufig werden Sand- oder Ballonersatzverfahren angewendet (Abb. E-05).

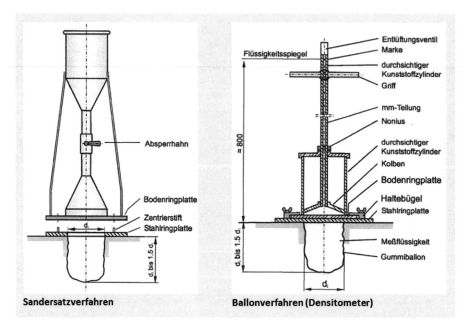

Abb. E-05: Bestimmung Feuchtdichte des Bodens im Feld gem. DIN 18125-2

E-2.1.2 Wassergehalt

Definition

Der Wassergehalt w einer Bodenprobe ist definitionsgemäß das Verhältnis der Masse des im Boden vorhandenen Wassers m_w, welches bei einer Temperatur von 105 °C verdampft, zur Masse des trockenen Bodens m_d (siehe Abb. E-04).

$$w = \frac{m_w}{m_d} \quad [-] \quad \text{oder} \quad w = \frac{m_w}{m_d} \cdot 100 \quad [\%] \quad\quad\quad (E02)$$

Hinweis:

m_w = (Masse feuchter Boden m + Masse Behälter m_B) − (Masse trockener Boden m_d + Masse Behälter m_B)

m_d = (Masse trockener Boden m_d + Masse Behälter m_B) − (Masse Behälter m_B)

Versuchsdurchführung und Auswertung

Bei der Ermittlung des Massenverlustes m_w ist also jeweils die Masse der feuchten Probe (m), die Masse der getrockneten Probe (m_d) sowie die Behältermasse (m_B) zu berücksichtigen. Die Ofentrocknung ist nach DIN EN ISO 17892-1 bodenartabhängig über eine Dauer von 6 Stunden (Sand) bis 24 Stunden (Ton) durchzuführen.

Bei der Überwachung von Erdarbeiten wird der Wassergehalt zur Qualitätskontrolle benötigt. Das Aufbringen der nächsten Lage und die Anpassung von Wassergehalt oder Verdichtungsarbeit kann erst nach Vorliegen der Versuchsergebnisse erfolgen. Da lange Versuchszeiten zur Verzögerung der Erdarbeiten führen können, werden hier häufig Schnellverfahren (z. B. Trocknung mit Mikrowelle) gem. DIN 18121-2 eingesetzt.

In Abhängigkeit der Bodenart ergeben sich typische Wassergehalte, deren Bandbreite beispielhaft für ausgewählte Bodenarten in Tabelle E-01 dargestellt sind.

Tab. E-01: typische Wassergehalte für ausgewählte Bodenarten, nach [3]

Bodenart	Wassergehalt w in %	
	von	bis
Sande und Kiese, erdfeucht	5	15
Schluffe	15	40
Tone	30	100
Organogene Schluffe und Tone	20	150
Torfe	30	1000

E-2.1.3   Korndichte

Definition

Die Korndichte ist die mittlere Dichte der Minerale, aus welchen die einzelnen Bestandteile des Korngemisches aufgebaut sind. Sie wird durch das Verhältnis der Trockenmasse m_d zum Volumen der Festsubstanz V_s des Bodens ausgedrückt (siehe Abb. E-04).

$$\rho_s = \frac{m_d}{V_s} \quad \left[\frac{g}{cm^3}\right] \tag{E03}$$

Versuchsdurchführung und Verwendung

Die zur Ermittlung der Korndichte erforderlichen Parameter Trockenmasse m_d und Volumen der Festsubstanz des Bodens V_s (Gl. E03) können nach DIN 18124 und DIN EN ISO 17892-3 im Pyknometer (Glasbehälter) sowie durch Ofentrocknung bei 105° C (vgl. Kapitel E-2.1.2) bestimmt werden. Die Korndichte liefert auch Hinweise auf die im Boden vorherrschenden Mineralarten (Tab. E-02). Sie wird ferner zur Auswertung der Sedimentationsanalyse und zur Bestimmung der Phasenanteile des Bodens benötigt.

Tab. E-02: Korndichte ausgewählter Mineralien und Bodenarten, nach [2, 4]

Mineral	Korndichte in g/cm³
Quarz	2,65
Feldspat	2,55
Glimmer	2,80 - 2,90
Illit (Tonmineral)	2,60 - 2,86
Bodenart	**Korndichte in g/cm³**
Nichtbindiger Boden	2,65
Bindiger Boden: leicht plastisch bis plastisch	2,65 - 2,67
Bindiger Boden: ausgeprägt plastisch	2,67 - 2,75

E-2.2   Abgeleitete Kennwerte

E-2.2.1   Porenanteil und Porenzahl

Porenanteil n und Porenzahl e lassen sich ebenfalls am Modell (Abb. E-06) veranschaulichen. Dazu werden an einer Raumeinheit, also einem Würfel mit der Kantenlänge 1, die Volumenanteile der Phasen Luft V_a, Wasser V_w und Feststoff V_s, der Porenanteil n sowie der luft- und der wassergefüllte Anteil der Poren (n_a, n_w) dargestellt. Gleiches gilt für die Porenzahl e mit e_a bzw. e_w.

Das Verhältnis des Porenvolumens ($V_n = V_a + V_w$ oder $V_n = V - V_s$) zum gesamten Bodenvolumen V (vgl. Abb. E-04) wird als Porenanteil n bezeichnet und lässt sich u. a. wie folgt ermitteln (Gl. E04).

$$n = n_a + n_w = \frac{V_a + V_w}{V} = \frac{V_n}{V} = \frac{V - V_s}{V} = 1 - \left(\frac{V_s}{V}\right) = 1 - \left(\frac{\rho_d}{\rho_s}\right) \quad [-] \qquad (E04)$$

Die Porenzahl e bezieht das Porenvolumen V_n definitionsgemäß auf das Feststoffvolumen V_s (vgl. Abb. E-04). Sie kann in Abhängigkeit der gegebenen Eingangsparameter wie folgt berechnet werden.

$$e = e_a + e_w = \frac{V_a + V_w}{V_S} = \frac{V_n}{V_S} = \frac{V - V_S}{V_S} = \left(\frac{V}{V_S}\right) - 1 = \left(\frac{\rho_S}{\rho_d}\right) - 1 \quad [-] \qquad (E05)$$

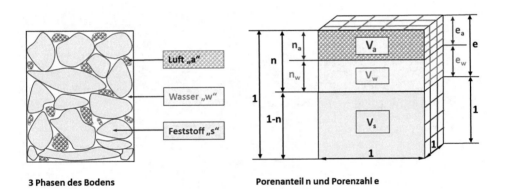

3 Phasen des Bodens   Porenanteil n und Porenzahl e

Abb. E-06: Boden als Dreiphasensystem – Definition von Porenanteil und Porenzahl

E-2.2.2   Sättigungszahl

Die Sättigungszahl S_r gibt an, welcher Anteil der Poren eines Bodens mit Wasser gefüllt ist. Mit den jeweils bekannten Parametern kann sie z. B. mit Gleichung E06 bestimmt werden. In Abhängigkeit von definierten Grenzwerten für S_r lässt sich der Boden qualitativ mit unterschiedlichen Ausprägungen bezeichnen (Tab. E-03).

$$S_r = \frac{n_W}{n} = \frac{e_w}{e} = \frac{V_W}{V_n} = \frac{(1-n) \cdot w \cdot \rho_S}{n \cdot \rho_W} = \frac{w \cdot \rho_S}{e \cdot \rho_w} \quad [-] \qquad (E06)$$

Tab. E-03: Grenzwerte für die Sättigungszahl S_r und qualitative Bezeichnung, nach [5]

Sättigungszahl S, [-]	Bezeichnung
0	trocken
< 0,25	feucht
≥ 0,25 bis ≤ 0,50	sehr feucht
> 0,50 bis ≤ 0,75	nass
> 0,75	sehr nass
1,00	wassergesättigt

E-2.2.3   Trockendichte

Die Trockendichte ρ_d ist die Trockenmasse m_d des Bodens, bezogen auf das Gesamtvolumen V (Abb. E-04).

$$\rho_d = \frac{m_d}{V} \qquad \left[\frac{g}{cm^3}\right] \tag{E07}$$

E-2.2.4   Sättigungsdichte

Wenn alle Poren des Bodens mit Wasser gefüllt sind (Wassergehalt bei Sättigung = w_r), der Boden also als wassergesättigt zu bezeichnen ist ($S_r = 1$), wird die Dichte des wassergesättigten Bodens als Sättigungsdichte ρ_r bezeichnet (Gl. E08). Die Dichte des Wassers kann in der Geotechnik mit $\rho_w = 1$ g/cm³ angesetzt werden.

$$\rho_r = \rho_d + n \cdot \rho_w = \rho_d \cdot (1 + w_r) = \frac{\rho_s + e \cdot \rho_w}{1 + e} \qquad \left[\frac{g}{cm^3}\right] \tag{E08}$$

E-2.2.5   Dichte unter Auftrieb

Steht der Boden unter Auftrieb, entspricht seine Dichte mit ρ' der Dichte unter Auftrieb bzw. der Auftriebsdichte (Gl. E09).

$$\rho' = \rho_r - \rho_w = \rho_d \cdot \left(1 - \frac{\rho_w}{\rho_s}\right) = (1 - n) \cdot (\rho_s - \rho_w) \qquad \left[\frac{g}{cm^3}\right] \tag{E09}$$

E-2.2.6   Rechnerische Beziehungen der Kennwerte der Phasenzusammensetzung

In Tabelle E-04 sind in Abhängigkeit der jeweils bekannten Eingangsparameter weitere, zwischen den vorhergehend erläuterten Kennwerten der Phasenzusammensetzung bestehende, mathematische Beziehungen zusammengestellt.

Tab. E-04: Rechnerische Beziehungen Kennwerte der Phasenzusammensetzung [18]

bekannt: ρ_s und ρ_w* sowie:

gesucht \ bekannt	$w = w_{ges}$; $S_r = 1$; $n_a = 0$	w; $n_a = n - n_w$	w	w; $S_r < 1$	n bzw. n_w	e bzw. e_w	ρ_r	ρ sowie w oder S_r	ρ_d; ; (w)
Wassergehalt w_{ges} (gesättigter Boden)	w	$w + \dfrac{n_a\cdot(w\cdot\rho_s+\rho_w)}{(1-n_a)\cdot\rho_s}$	—	$\dfrac{w}{S_r}$	$\dfrac{n}{1-n}\cdot\dfrac{\rho_w}{\rho_s}$	$e\cdot\dfrac{\rho_w}{\rho_s}$	$\dfrac{\rho_s-\rho_r}{\rho_r-\rho_w}\cdot\dfrac{\rho_w}{\rho_s}$	$(1+w)\cdot\dfrac{\rho_w}{\rho}-\dfrac{\rho_w}{\rho_s}$	$\dfrac{\rho_w}{\rho_d}-\dfrac{\rho_w}{\rho_s}$
Wassergehalt w (teilgesättigter Boden)	w	w	—	w	$\dfrac{n_w}{1-n}\cdot\dfrac{\rho_w}{\rho_s}$	$e_w\cdot\dfrac{\rho_w}{\rho_s}$	—	$\dfrac{S_r\cdot(\rho_s-\rho)}{\rho-S_r\cdot\rho_w}\cdot\dfrac{\rho_w}{\rho_s}$	$S_r\cdot\left(\dfrac{\rho_w}{\rho_d}-\dfrac{\rho_w}{\rho_s}\right)$
Porenanteil n	$\dfrac{w\cdot\rho_s}{w\cdot\rho_s+\rho_w}$	$\dfrac{w\cdot\rho_s+n_a\cdot\rho_w}{w\cdot\rho_s+\rho_w}$		$\dfrac{w\cdot\rho_s}{w\cdot\rho_s+S_r\cdot\rho_w}$	N	$\dfrac{e}{1+e}$	$\dfrac{\rho_s-\rho_r}{\rho_s-\rho_w}$	$1-\dfrac{\rho}{(1+w)\cdot\rho_s}$	$1-\dfrac{\rho_d}{\rho_s}$
Porenzahl e	$\dfrac{w\cdot\rho_s}{\rho_w}$	$\dfrac{w\cdot\rho_s+n_a\cdot\rho_w}{\rho_w\cdot(1-n_a)}$		$\dfrac{w}{S_r}\cdot\dfrac{\rho_s}{\rho_w}$	$\dfrac{n}{1-n}$	e	$\dfrac{\rho_s-\rho_r}{\rho_r-\rho_w}$	$(1+w)\cdot\dfrac{\rho_s}{\rho}-1$	$\dfrac{\rho_s}{\rho_d}-1$
Dichte ρ_r (gesättigter Boden)	$\dfrac{(1+w)\cdot\rho_s\cdot\rho_w}{w\cdot\rho_s+\rho_w}$	$(1+w)\cdot\dfrac{(1-n_a)\cdot\rho_s\cdot\rho_w+n_a\cdot\rho_w}{w\cdot\rho_s+\rho_w}$		$\dfrac{(S_r+w)\cdot\rho_s\cdot\rho_w}{w\cdot\rho_s+S_r\cdot\rho_w}$	$(1-n)\cdot\rho_s+n\cdot\rho_w$	$\dfrac{\rho_s+e\cdot\rho_w}{1+e}$	ρ_r	$\rho_w+\dfrac{\rho}{1+w}\cdot\left(1-\dfrac{\rho_w}{\rho_s}\right)$	$\rho_w+\rho_d\cdot\left(1-\dfrac{\rho_w}{\rho_s}\right)$
Dichte ρ (teilgesättigter Boden)	—	$(1+w)\cdot\dfrac{(1-n_a)\cdot\rho_s\cdot\rho_w}{w\cdot\rho_s+\rho_w}$		$(1+w)\cdot\dfrac{S_r\cdot\rho_s\cdot\rho_w}{w\cdot\rho_s+S_r\cdot\rho_w}$	$(1-n)\cdot\rho_s+n_a\cdot\rho_w$	$\dfrac{\rho_s+e_w\cdot\rho_w}{1+e}$	—	ρ	$(1+w)\cdot\rho_d$
Trockendichte ρ_d des Bodens	$\dfrac{\rho_s\cdot\rho_w}{w\cdot\rho_s+\rho_w}$	$\dfrac{(1-n_a)\cdot\rho_s\cdot\rho_w}{w\cdot\rho_s+\rho_w}$		$\dfrac{S_r\cdot\rho_s\cdot\rho_w}{w\cdot\rho_s+S_r\cdot\rho_w}$	$(1-n)\cdot\rho_s$	$\dfrac{\rho_s}{1+e}$	$\dfrac{\rho_r-\rho_w}{\rho_s-\rho_w}\cdot\rho_s$	$\dfrac{\rho}{1+w}$	ρ_d
Sättigungszahl S_r	1	$\dfrac{(1-n_a)\cdot w\cdot\rho_s}{w\cdot\rho_s+n_a\cdot\rho_w}$		$\dfrac{w}{w_{ges}}$	$\dfrac{n_w}{n}$	$\dfrac{e_w}{e}$	1	$\dfrac{w\cdot\rho\cdot\rho_s}{\rho_w\cdot[(1+w)\cdot\rho_s-\rho]}$	$\dfrac{w\cdot\rho_d\cdot\rho_s}{\rho_w\cdot(\rho_s-\rho_d)}$
Korndichte ρ_s**	$\dfrac{\rho_r\cdot\rho_w}{\rho_w-w\cdot(\rho_r-\rho_w)}$	$\dfrac{\rho\cdot\rho_w}{(1+w)\cdot(1-n_a)\cdot\rho_w-w\cdot\rho}$		$\dfrac{S_r\cdot\rho\cdot\rho_w}{(1+w)\cdot S_r\cdot\rho_w-w\cdot\rho}$	$\dfrac{\rho-n_w\cdot\rho_w}{1-n}$	$(1+e)\cdot\rho-e_w\cdot\rho_w$	$\dfrac{\rho_d\cdot\rho_w}{\rho_d+\rho_w-\rho_r}$	$\dfrac{\rho\cdot\rho_w}{\rho-(1+w)\cdot(\rho_r-\rho_w)}$	$\dfrac{\rho_d\cdot\rho_w}{\rho_w-w\cdot\rho_d}$

* Im Allgemeinen kann $\rho_w = 1{,}0$ g/cm³ gesetzt werden   ** anstelle von ρ_s muss in dieser Zeile ρ_r, ρ_d oder ρ bekannt sein

E-2.2.7   Wichte

Die Wichte γ ist eine spezifische Gewichtskraft mit der in der Geotechnik üblichen Einheit kN/m³. Sie ist die lotrecht wirkende Eigengewichtskraft des Bodens, bezogen auf das zugehörige Bodenvolumen. Die Wichte wird für erdstatische Berechnungen u. a. zur Ermittlung von Spannungen infolge von Bodeneigengewicht und zur Erddruckermittlung benötigt.

Analog zu den verschiedenen Dichten des Bodens und der Korndichte werden Feuchtwichte γ, Kornwichte γ_s, Trockenwichte γ_d, Wichte des Wassers γ_w, Sättigungswichte γ_r sowie Wichte unter Auftrieb γ' unterschieden.

E-2.2.8   Zusammenhang zwischen Dichte und Wichte

Um die spezifische Masse (Dichte) in eine spezifische Gewichtskraft (Wichte) umzuwandeln, muss die Erdbeschleunigung g (m/s²) als Multiplikator berücksichtigt werden. Die Erdbeschleunigung g wird in der Geotechnik i. d. R. mit 10 m/s² berücksichtigt. Die allgemeinen Zusammenhänge zwischen Dichte und Wichte sind folgende:

Wichte γ in kN/m³ – Dichte ρ in g/cm³:

$$\gamma = \rho \cdot 10 \qquad \left[\frac{kN}{m^3}\right] \qquad\qquad (E10)$$

Dichte ρ in g/cm³ – Wichte γ in kN/m³:

$$\rho = \frac{\gamma}{10} \qquad \left[\frac{g}{cm^3}\right] \qquad\qquad (E11)$$

⇨   Beispiel: Die Wichte des Wassers beträgt infolgedessen:

$$\gamma_w = \rho_w * g = 1 \; \frac{g}{cm^3} \cdot 10 \; \frac{m}{s^2} = 10 \; \frac{kN}{m^3}$$

E-2.3   Beimengungen

E-2.3.1   Kalk – Kalkgehalt

Der Kalkgehalt V_{Ca} dient zur Bestimmung bodenmechanischer Eigenschaften sowie zur Klassifikation eines Bodens (vgl. Kapitel F-1). So kann Kalk die Festigkeit eines Bodens erhöhen und/oder die Plastizität (vgl. Kapitel E-3.2.6) verringern. Typische Vertreter kalkhaltiger Böden sind beispielsweise Löss und Geschiebemergel.

Versuchsdurchführung und Auswertung

Der Kalkgehalt V_{Ca} (Gl. E12) ist der nach DIN 18129 in einem Gasometer ermittelte Massenanteil an Gesamtkarbonaten (m_{Ca}), bezogen auf die Trockenmasse des Bodens m_d.

$$V_{Ca} = \frac{m_{Ca}}{m_d} \quad [-] \tag{E12}$$

Bei der Bestimmung des Kalkgehalts wird der Boden im Gasometer (Abb. E-07) mit verdünnter Salzsäure (HCL) versetzt, welche mit dem Kalziumkarbonat $CaCO_3$ (Kalk) zu Kalziumchlorid ($CaCl_2$), Wasser (H_2O) und Kohlendioxid (CO_2) reagiert. Die entsprechende Reaktionsgleichung lautet danach $CaCO_3 + 2\ HCl = CaCl_2 + H_2O + CO_2$.

Aufgrund dieser chemischen Reaktion lässt sich der Kalkgehalt als Massenanteil an Gesamtkarbonaten ($CaCO_3$) indirekt über die Menge des freigesetzten Gases Kohlendioxid (CO_2) und unter Berücksichtigung von Temperatur- und Luftdruckverhältnissen im Labor bestimmen. Im Anschluss an diese sogenannte gasometrische Kohlendioxidbestimmung ist die Trockenmasse des beprobten Bodens (m_d) mittels Ofentrocknung zu bestimmen (vgl. Kapitel E-2.1.2).

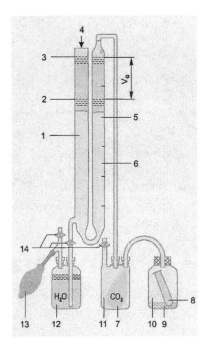

1	offener Zylinder
2	Wasserspiegel bei Versuchsende
3	Wasserspiegel bei Versuchsbeginn
4	atmosphärischer Druck
5	Meßskala
6	Meßzylinder
7	Gummiblase
8	Reagenzglas mit Salzsäure
9	Bodenprobe
10	Gasentwicklungsgefäß
11	Aufnahmegefäß
12	Vorratsflasche
13	Pumpe (Gummiball)
14	Absperrhähne

Abb. E-07: Gasometer zur Bestimmung des Kalkgehalts im Boden – schematische Versuchsanordnung, nach DIN 18129

Es ist auch möglich, den Kalkgehalt überschlägig durch Beträufeln des Bodens mit verdünnter Salzsäure (HCL) zu bestimmen. Die Bildung von Kohlendioxid ist am Aufbrausen an der beträufelten Stelle zu erkennen. Diese Methode wird u. a. im Feld zur Bodenansprache verwendet und ermöglicht eine quantitative Abschätzung des Kalkgehaltes V_{Ca} anhand der Intensität und Dauer der chemischen Reaktion.

- schwaches Aufbrausen: $V_{Ca} \approx 1\,\%$ bis $2\,\%$

- deutliches, jedoch nicht anhaltendes Aufbrausen: $V_{Ca} \approx 2\,\%$ und $4\,\%$

- starkes, anhaltendes Aufbrausen: $V_{Ca} > 4\,\%$

Nach DIN 14688-1 lassen sich in Abhängigkeit von Intensität und Dauer der chemischen Reaktion diese qualitativen Ausprägungen hinsichtlich des Kalkgehaltes unterscheiden:

- kalkfrei (0):   → kein Aufbrausen

- kalkhaltig (+):   → schwaches bis deutliches, aber nicht lang anhaltendes Aufbrausen

- stark kalkhaltig (++):   → starkes, langanhaltendes Aufbrausen.

E-2.3.2   Organische Beimengungen

Schon ein relativ geringer Anteil an organischer Substanz hat entscheidenden Einfluss auf die bodenmechanischen Eigenschaften eines Bodens. Da organische Substanz viel Wasser aufnehmen kann, steigt der Wassergehalt des Bodens mit steigendem organischem Anteil.

Organische Anteile führen weiterhin zu abnehmenden Dichten, zur Verminderung der Scherfestigkeit und zur Vergößerung der Zusammendrückbarkeit. Das führt wiederum dazu, dass sich organische Böden stark setzen. Außerdem können organische Bestandteile in relativ kurzer Zeit verrotten, was zu Hohlraumbildungen im Baugrund und damit zu ungleichmäßigen Setzungen führt.

Enthält der Boden geringe prozentuale Anteile an organischer Substanz, ist er aufgrund der beschriebenen Eigenschaften als Baugrund und Baustoff nur bedingt, häufig aber gar nicht geeignet (vgl. Kap. C-2).

Versuchsdurchführung und Auswertung

Die Bestimmung des Glühverlustes gem. DIN 18128 liefert einen Anhaltswert für den Anteil an organischer Substanz im Boden. Dabei wird der Massenverlust ermittelt, den eine bei ca. 100 °C getrocknete Probe erfährt, wenn diese in einem speziellen Ofen, der als Muffelofen bezeichnet wird, bei 550 °C geglüht wird.

Der Glühverlust V_{gl} ist der Gewichtsverlust der Probe nach dem Glühen Δm_{gl}, bezogen auf die Trockenmasse m_d der Probe (Gl. E13). Der Gewichtsverlust Δm_{gl} ergibt sich als Differenz aus der Trockenmasse m_d vor dem Glühen und der Masse des Boden nach Glühen m_{gl}.

$$V_{gl} = \frac{\Delta m_{gl}}{m_d} = \frac{m_d - m_{gl}}{m_d} \qquad [-] \qquad\qquad (E13)$$

Hinweis:
> Da nicht nur die organischen Bestandteile den Massenverlust Δm_{gl} beim Glühen beeinflussen, sondern z. B. auch Kristallwasser und Kalk, ist die Angabe der organischen Bestandteile durch den Glühverlust nur näherungsweise möglich.

E-2.3.3   Betonschädigende Beimengungen

Betonschädigende Beimengungen im Boden können z. B. Sulfate, Sulfide oder Huminsäuren sein, da sich diese in Wasser lösen und den Abbindeprozess des Frischbetons beeinflussen oder den Beton dauerhaft schädigen, angreifen und schließlich zerstören. Werden Bauwerksteile vom Grundwasser berührt, muss das Grundwasser ebenfalls auf den Gehalt an betonangreifenden Beimengungen untersucht werden. Die Beurteilung betonangreifender Wässer, Böden und Gase ist in DIN 4030 geregelt.

E-2.4   Korngrößenverteilung

E-2.4.1   Einfluss auf Bodeneigenschaften

Da die Bodeneigenschaften entscheidend von den Korngrößen geprägt werden, ist die Korngrößenverteilung vor weiterführenden Untersuchungen zu bestimmen. Diese gibt den Massenanteil aller jeweils in einer Bodenart vorhandenen Korngrößen an.

Mit Hilfe der Korngrößenverteilung können anhand der Lage der Körnungslinie (vgl. Kapitel E-2.4.6) sowie der Korngrößenabstufung (vgl. Kapitel E-2.4.7) folgende bodenmechanische Kenngrößen (vgl. Kapitel E-4) bzw. bautechnische Eigenschaften qualitativ abgeschätzt werden:

⇨ **Verdichtungsfähigkeit:**
   Die Verdichtungsfähigkeit von grobkörnigen Böden ist bei weitgestuften Bodengemischen besser als bei intermittierend gestuften oder enggestuften Böden, weil sich beim Verdichten kleinere Körner in die Hohlräume zwischen den größeren Körnern umlagern können und sich so letztendlich eine kompaktere Anordnung der Körner ergibt.

⇨ **Wasserdurchlässigkeit:**

Die Wasserdurchlässigkeit ist um so größer, je steiler die Körnungslinie ist und je weiter rechts diese im Kornverteilungsdiagramm verläuft. So ist enggestufter Sand durchlässiger als weitgestufter Sand und Kies wasserdurchlässiger als z. B. Sand.

⇨ **Frostempfindlichkeit:**

Während die Frostempfindlichkeit bei grobkörnigen Böden keine Rolle spielt, sind feinkörnige Böden frostempfindlicher als gemischtkörnige Böden (vgl. Kapitel C-5).

⇨ **Scherfestigkeit (Reibungswinkel und Kohäsion):**

Weitgestufte Korngemische haben aufgrund einer besseren Verzahnung zwischen den Körnern z. B. einen größeren Reibungswinkel als enggestufte. Grobkörnige Böden haben im Gegensatz zu feinkörnigen bzw. bindigen Böden keine Kohäsion.

⇨ **Zusammendrückbarkeit:**

Setzungen in nichtbindigen Böden sind kleiner als in bindigen Böden. Weiterhin gilt, je bindiger ein Boden, desto größer ist der Setzungsbetrag. Darüber hinaus dauert es in bindigen Böden deutlich länger, bis die Setzungen abgeklungen sind.

Mit Hilfe der beschriebenen Zusammenhänge zwischen Korngrößenverteilung und Eigenschaften kann eine erste Beurteilung hinsichtlich der Eigung des Bodens als Baugrund oder als Baustoff erfolgen.

E-2.4.2   Verfahren zur Bestimmung der Korngrößenverteilung

In Abhängigkeit der im Boden enthaltenen Korngrößen kommen zur Bestimmung der Korngrößenverteilung die Verfahren Siebung, unterteilt in Nass- und Trockensiebung, Sedimentation oder kombinierte Siebung und Sedimentation zum Einsatz (Tab. E-05).

Tab. E-05: Verfahren zur Bestimmung der Korngrößenverteilung, nach DIN EN ISO 17892-4

Boden	Korngrößen	Verfahren gem. DIN EN ISO 17892-4
grobkörnig	d > 0,063 mm	Siebung (Trockensiebung)
grobkörnig mit Feinkornanteil ≤ 15 %	d > 0,063 mm (Grobkorn) und d < 0,063 mm (Feinkorn ≤ 15 %)	Siebung (Nasssiebung)
feinkörnig	d < 0,125 mm	Sedimentation (Aräometerverfahren)
gemischtkörnig	d > 0,063 mm (Grobkorn) und d < 0,125 mm (Feinkorn)	Siebung und Sedimentation

E-2.4.3   Siebung

Versuchsdurchführung

Um das grobkörnige Korngemisch mit Korndurchessern von d > 0,063 mm (Tab. E-05) in seine einzelnen Kornfraktionen zerlegen zu können, wird es bei 105 °C getrocknet, gewogen und anschließend auf einem entsprechend genormten Siebsatz (Abb. E-08) gesiebt (Trockensiebung).

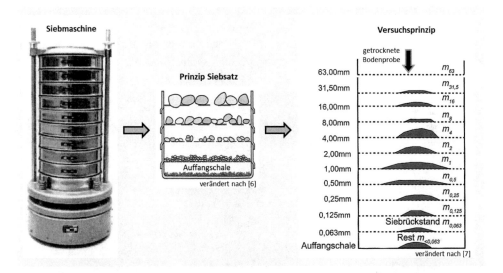

Abb. E-08: Siebmaschine, Siebsatz und Versuchsprinzip

Ist ein geringer Feinkornanteil (d < 0,063 mm) von bis zu ca. 15 % (Tab. E-05) enthalten, werden diese Anteile vor der Trockensiebung durch Nassiebung (Waschen und Sieben mit der Unterstützung von Wasser) vom Korngemisch abgetrennt.

Auswertung

Nach Abschluss der Siebung müssen die Rückstände der Probe auf den einzelnen Sieben des Siebsatzes und in der Auffangschale (Abb. E-08) zur Massenermittlung jeweils separat gewogen werden.

Zur Auswertung des Versuches wird die Masse der Rückstände auf den einzelnen Sieben des Siebsatzes zunächst in Prozenten der Gesamttrockenmasse ermittelt und in die einzelnen Siebdurchgänge umgerechnet.

Diese Siebdurchgänge werden anschließend in Abhängigkeit des Korndurchmessers zeichnerisch als Summenlinie, welche als Körnungslinie (Abb. E-10) bezeichnet wird, aufgetragen.

E-2.4.4   Sedimentation

Versuchsdurchführung

Die feinkörnige Bodenprobe, die Korndurchmesser von d < 0,125 mm (Tab. E-05) auf-weist, wird mit destilliertem Wasser und unter Zusatz eines Antikoagulationsmittels in einem Standzylinder zu einer Suspension aufgerührt (Abb. E-09). Das zugegebene Mittel verhindert die Koagulation, d. h. die Zusammenballung von Bodenpartikeln.

Die Sedimentation beruht auf dem physikalischen Phänomen, dass Körner mit größeren Durchmessern schneller in einer Flüssigkeit absinken als Körner mit kleineren Durchmessern. Mit dem Absinken von größeren bzw. schweren und kleineren bzw. leichteren Körnern ändert sich also die Dichte der Supension über die Zeit. Deshalb wird die Dichte der Suspension zeitabhängig und mit Hilfe eines Aräometers gemessen.

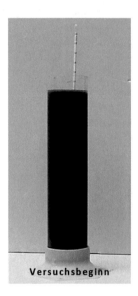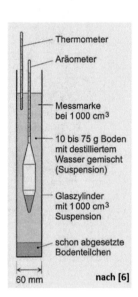

Versuchsbeginn   **laufender Versuch**

Thermometer

Aräometer

Messmarke
bei 1 000 cm³

10 bis 75 g Boden
mit destilliertem
Wasser gemischt
(Suspension)

Glaszylinder
mit 1 000 cm³
Suspension

schon abgesetzte
Bodenteilchen

60 mm   nach [6]

Abb. E-09: Standzylinder mit Boden-Wasser-Suspension und Aräometer

Auswertung

Aus der Dichteanzeige des Aräometers wird auf den Massenanteil der Körner geschlossen, die zu einem bestimmten Zeitpunkt unter den Schwerpunkt des Aräometers abgesunken sind. Mit Hilfe des Gesetzes von STOKES, welches den Zusammenhang zwischen Korngröße, Dichte und Sinkgeschwindigkeit für kugelförmige Körper im Wasser beschreibt, lässt sich aus den Messwerten schließlich die Korngrößenverteilung ermitteln. Die so bestimmten Massenanteile, welche dem Siebdurchgang und nicht wie bei der Siebung dem Siebrückstand entsprechen, werden ebenfalls grafisch als Körnungslinie aufgetragen (Abb. E-10).

E-2.4.5 Siebung und Sedimentation

Für Böden, die gleichzeitig nennenswerte Mengen an Körnern mit Korndurchmessern unter und über 0,063 mm (Tab. E-05) enthalten, werden die Korngruppen größer als 0,063 mm nach dem nassen Abtrennen der Feinanteile durch Siebung und die Korngrößen kleiner als 0,063 mm durch Sedimentation bestimmt. Auch die Ergebnisse von Siebung und Sedimentation werden jeweils grafisch in Form der Körnungslinie aufgetragen. Aus Abbildung E-10 geht hervor, dass sich dabei in einem kleinen Bereich um den Korndurchmesser d = 0,063 mm eine leichte Überschneidung beider Körnungslinien ergibt, die entsprechend ausgeglichen werden muss.

E-2.4.6 Körnungslinie

Zur Erstellung der Körnungslinie werden die Siebdurchgänge über die dazugehörigen Korndurchmesser aufgetragen und verbunden (Abb. E-10). In dem dazughörigen halblogarithmisch skalierten Diagramm wird der Korndurchmesser aufgrund seiner Bandbreite, die von 0,001 mm bis 100 mm reicht, auf der logarithmisch geteilten Abszisse abgetragen. Der Siebdurchgang ist auf der linear skalierten Ordinate einzuzeichnen.

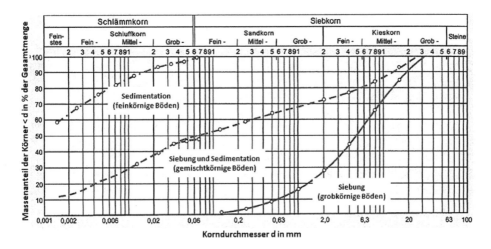

Abb. E-10: Verfahren zur Bestimmung der Korngrößenverteilung – Körnungslinien

E-2.4.7 Kenngrößen der Körnungslinie – Ungleichförmigkeitszahl und Krümmungszahl

Als Kenngrößen der Körnungslinie werden die Ungleichförmigkeitszahl C_U und Krümmungszahl C_C bezeichnet. Diese beschreiben die Form der Körnungslinie. Sie werden u. a. zur Klassifizierung grobkörniger Böden für bautechnische Zwecke nach DIN 18196 (vgl. Kap. F-1) benötigt.

In den folgenden Definitionen (Gl. E14, E15) sind die Eingangsparameter d_{10}, d_{30}, und d_{60} die Korndurchmesser, welche bei 10 %, 30 % und 60 % Siebdurchgang aus der Körnungslinie abzugreifen sind. Dazu sind die genannten Massenanteile bzw. Siebdurchgänge, welche auf der Ordinate aufgetragen sind, jeweils mit der Körnungslinie zu verschneiden. An den jeweiligen Schnittpunkten ist der dazugehörige Korndurchmesser auf der Abszisse abzulesen.

Die **Ungleichförmigkeitszahl C_U** beschreibt die mittlere Neigung der Körnungslinie und ist damit ein Maß für die Steilheit der Körnungslinie.

$$C_U = \frac{d_{60}}{d_{10}} \qquad [-] \tag{E14}$$

Die **Krümmungszahl C_C** charakterisiert den Verlauf der Körnungslinie zwischen den Korndurchmessern, welche bei 10 % (d_{10}) und 60 % (d_{60}) Siebdurchgang vorliegen.

$$C_C = \frac{(d_{30})^2}{d_{10} \cdot d_{60}} \qquad [-] \tag{E15}$$

In Abhängigkeit davon, ob grobkörnige Böden nur wenige Korngrößen (enggestuft mit steiler Körnungslinie) oder viele Korngrößen (weitgestuft mit relativ flacher Körnungslinie) enthalten, oder ob bestimmte Korngrößen fehlen (intermittierend gestuft mit treppenförmiger Körnungslinie), ergeben sich, wie eingangs bereits erläutert, unterschiedliche bautechnische Eigenschaften, wie z. B. Verdichtungsfähigkeit oder Scherfestigkeit (vgl. Kapitel E-2.4.1).

Aus welchen konkreten Werten für die Ungleichförmigkeitszahl C_U und/oder die Krümmungszahl C_C auf den qualitativen Verlauf der Körnungslinie und damit auf die Bezeichnung des grobkörnigen Bodens hinsichtlich der Abstufung der Korngrößen geschlossen werden kann, ist in Tab. E-06 zusammengestellt.

Tab. E-06: Bezeichnung grobkörniger Böden hinsichtlich Korngrößenabstufung in Abhängigkeit der Kenngrößen C_U und C_C gem. DIN 18196

Benennung	Kurzzeichen	C_U	C_C
enggestuft	E	< 6	beliebig
weitgestuft	W	≥ 6	1 bis 3
intermittierend gestuft	I	≥ 6	< 1 oder > 3

E-2.4.8   Filterregeln

Zur Entwässerung (auch Dränung oder Drainage), zur Wasserhaltung und zum Schutz baulicher Anlagen (Abb. E-11) werden grobkörnige Böden als Filter eingesetzt. Dabei darf das Filtermaterial nicht willkürlich gewählt werden, sondern muss an die Kornabstufung des zu entwässernden Bodens angepasst werden.

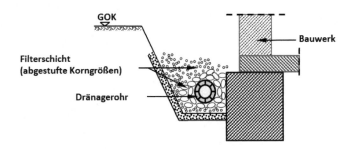

Abb. E-11: Dränage zum Schutz baulicher Anlagen

Ein Filter muss grundsätzlich zwei Bedingungen erfüllen, um seine Aufgabe angemessen, d. h. wirksam erfüllen zu können:

⇨ **Hydraulische Wirksamkeit**

Das Wasser muss schnell abgeleitet werden, d. h., der Filter muss eine wesentlich größere Durchlässigkeit als der zu entwässernde Boden aufweisen.

⇨ **Mechanische Wirksamkeit (Filterstabilität)**

Das Bodenmaterial darf den Filter einerseits nicht verstopfen, aber andererseits auch selbst nicht ausgespült und abtransportiert werden.

Die gebräuchlichste Filterregel, die von TERZAGHI entwickelt wurde, gilt nur für Filtermaterialien (Index f) mit Ungleichförmigkeitszahlen von $C_{Uf} \leq 2$. Bei der Dimensionierung von Filtern nach der Filterregel von TERZAGHI ist ferner darauf zu achten, dass die Körnungslinie des Filtermaterials und des zu entwässernden Bodens ähnlich verlaufen.

Für die zwei Filterbedingungen lautet die **Filterregel von TERZAGHI** wie folgt:

Mechanische Wirksamkeit:

$$d_{f15} < 4 \cdot d_{e85} \tag{E16}$$

Hydraulische Wirksamkeit:

$$d_{f15} > 4 \cdot d_{e15} \tag{E17}$$

Zusammengefasst ergibt sich zur Ermittlung des minimalen und maximalen Korndurchmessers des Filtermaterials d_{f15} dieser Zusammenhang:

$$4 \cdot d_{e15} < d_{f15} < 4 \cdot d_{e85} \tag{E18}$$

mit:

d_{f15}.. Korndurchmesser bei 15 % Massenanteil des Filtermaterials (Index f)
d_{e85}.. Korndurchmesser bei 85 % Massenanteil des zu entwässernden Bodens (Index e)
d_{e15}.. Korndurchmesser bei 15 % Massenanteil des zu entwässernden Bodens (Index e)

Wie aus Abbildung E-12 hervorgeht, muss zur Auswahl eines geeigneten Filtermaterials nach der Filterregel von TERZAGHI zunnächst die Körnungslinie des zu entwässernden Bodens bestimmt werden. Im Anschluss daran lässt sich unter Berücksichtigung der mechanischen Wirksamkeit der minimale Korndurchmesser des Filtermaterials d_{f15} (Gl. E16/E18) ermitteln. Darüber hinaus ergibt sich der maximale Korndurchmesser des potentiellen Filtermaterials d_{f15} mit der Bedingung für die hydraulische Wirksamkeit (Gl. E17/E18). Damit lassen sich zwei Grenzkörnungslinien zeichnen, die etwa parallel zur Körnungslinie des zu entwässernden Bodens verlaufen und Ungleichförmigkeitszahlen von $C_{uf} \leq 2$ aufweisen. Als Filtermaterial ist schließlich jeder Boden geeignet, dessen Körnungslinie in den grau hinterlegten Bereich, welcher auch als Körnungsband bezeichnet wird, fällt.

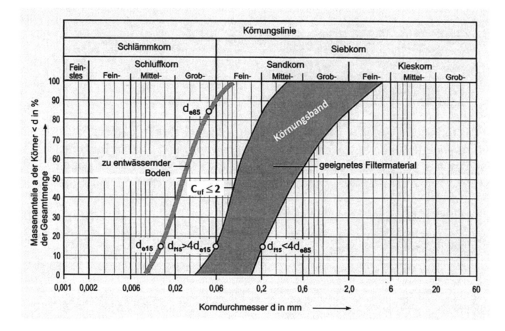

Abb. E-12: Filterregel nach Terzaghi, verändert nach [8]

E-3 Stoffzustand

Der wirkliche Zustand eines Bodens wird beurteilt, indem man seine aktuellen Werte für ausgewählte Bodenkenngrößen mit definierten und im bodenmechanischen Labor reproduzierbaren Grenzwerten vergleicht.

Konkret wird der Boden in Laborversuchen in einen definierten Zustand versetzt, um für diesen anschließend die Dichte und/oder den Wassergehalt und damit definierte Grenzwerte zu ermitteln.

Der Vergleich der aktuellen Kenngrößen Wassergehalt bzw. Dichte, welche der Boden in situ aufweist, mit den im Laborversuch ermittelten, definierten Grenzwerten lässt schließlich Aussagen über den Zustand eines Bodens zu.

Anhand des Zustands des Bodens kann auf bautechnische Eigenschaften (z. B. Verdichtungsfähigkeit) und die Eignung als Baugrund (Tragfähigkeit) geschlossen werden. Der Stoffzustand wird weiterhin zur Klassifizierung von Böden nach DIN 18196 sowie für die Angabe von Berechnungskennwerten benötigt.

E-3.1 Stoffzustand nichtbindiger Böden – Lagerungsdichte

Merke (!):

Der Begriff Lagerungsdichte ist ausschließlich für die Zustandsbeschreibung nichtbindiger (grobkörniger) Böden zulässig.

Jeder Boden besteht als Dreihasensystem aus der Festsubstanz, also den Bodenteilchen, und aus Hohlräumen (Poren), die mit Luft oder Wasser gefüllt sein können (vgl. Kapitel E-2.1). Der natürliche Porenanteil n eines Bodens ist abhängig von seiner Genese (vgl. Kap. B-5). Darüber hinaus wird der Porenanteil durch die Kornform, die Kornverteilung und den Gehalt an organischen Bestandteilen beeinflusst.

Je größer der Porenanteil n, also der Hohlraum im Verhältnis zum Gesamtvolumen, desto lockerer ist die Lagerung des Bodens. Wird der Porenanteil auf das minimal Mögliche reduziert, erreicht der Boden seine dichteste Lagerung.

Sowohl die lockerste als auch die dichteste Lagerung von grobkörnigen Böden lässt sich jeweils an einem sogenannten Kugelmodell visualisieren (Abb. E-14). Bei diesem werden gleichgroße Stahlkugeln, welche die einzelnen Bodenkörner idealisieren, betrachtet.

Bei lockerster Lagerung weisen diese Stahlkugeln unabhängig von ihrer Größe den größten Hohlraum mit einem maximalen Porenanteil von $\max n = 0{,}48$ auf. Das entspricht einer maximalen Porenzahl von $\max e = 0{,}91$. Befinden sich die Kugeln in dichtester Lagerung (Anordnung mit kleinstem Hohlraum) werden Porenanteil bzw. Porenzahl minimal und betragen $\min n = 0{,}26$ bzw. $\min e = 0{,}35$. [2]

Anordnung mit
größtem Hohlraum

Anordnung mit
kleinstem Hohlraum

lockerste Lagerung:
max n = 0,48

dichteste Lagerung
min n = 0,26

Abb. E-14: Schematische Darstellung der lockersten und der dichtesten Lagerung am Kugelmodell

In Abbildung E-15 ist an einem Bodenelement die natürliche Lagerung eines nichtbindigen Bodens den definierten Grenzwerten „lockerste und dichteste Lagerung" mit dazugehörigem Porenanteil vergleichend gegenübergestellt.

Zur quantitativen Beurteilung werden die Grenzwerte für den Porenanteil bei dichtester (min n) und bei lockerster (max n) Lagerung mit Hilfe von bodenmechanischen Laborversuchen gem. DIN 18126 ermittelt.

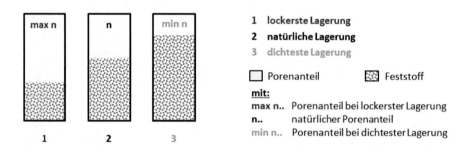

1   lockerste Lagerung
2   natürliche Lagerung
3   dichteste Lagerung

☐ Porenanteil   ▨ Feststoff

mit:
max n..   Porenanteil bei lockerster Lagerung
n..   natürlicher Porenanteil
min n..   Porenanteil bei dichtester Lagerung

Abb. E-15: Gegenüberstellung der natürlichen, lockersten und dichtesten Lagerung von grobkörnigen Böden

E-3.1.1   Lockerste Lagerung

Versuchsdurchführung

Der Porenanteil bei lockerster Lagerung max n wird durch Einrieseln des getrockneten Bodens in einen Zylinder mit bekanntem Volumen und anschließender Wägung der eingerieselten Trockenmasse bestimmt (Abb. E-16). Der Boden ist dabei durch einen Trichter einzufüllen, der auf den Boden des Versuchszylinders aufgesetzt wird. Mit zunehmender Füllung ist der Trichter zentrisch und so nach oben zu bewegen, dass eine ständige Berührung zwischen der Auslauföffnung und dem eingefüllten Boden gewährleistet ist. Auf diese Weise wird eine unbeabsichtigte Verdichtung des Bodens durch den Einfüllvorgang verhindert.

Nach der Befüllung ist der Boden mit Hilfe eines Stahllineals mit dem Zylinderrand abzugleichen. Der Versuch ist insgesamt fünfmal mit derselben Probe durchzuführen.

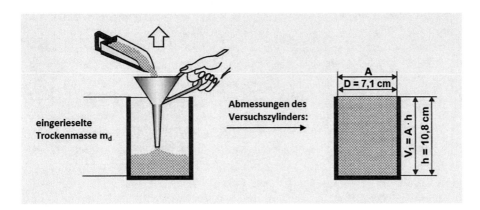

Abb. E-16: Bestimmung der lockersten Lagerung gem. DIN 18126, verändert nach [11]

Auswertung

Aus den Trockenmassen des jeweils in den fünf Versuchen eingerieselten Bodens ist zunächst der Mittelwert m_d zu bilden. Danach muss aus dem Mittelwert der Trockenmasse m_d und dem Volumen des Versuchszylinders V_1 die Trockendichte bei lockerster Lagerung $\min \rho_d$ (Gl. E19) ermittelt werden. Mit Korndichte ρ_s und Trockendichte bei lockerster Lagerung $\min \rho_d$ lässt sich nun der Porenanteil bei lockerster Lagerung $\max n$ entsprechend nachstehender Formel (Gl. E20) berechnen. Alternativ kann auch die Porenzahl bei lockerster Lagerung $\max e$ (Gl. E21) bestimmt werden.

$$\min \rho_d = \frac{m_d}{V_1} \qquad \left[\frac{g}{cm^3}\right] \qquad (E19)$$

$$\max n = 1 - \frac{\min \rho_d}{\rho_s} \quad [-] \qquad (E20)$$

$$\max e = \frac{\rho_s}{\min \rho_d} - 1 \quad [-] \qquad (E21)$$

mit:

$V_1..$ Volumen des Zylinders gem. Abb. E-16 [cm³]
$m_d..$ Mittelwert der Trockenmasse des eingerieselten Bodens aus 5 Versuchen [g]
$\rho_s..$ Korndichte des eingerieselten Bodens [g/cm³]

E-3.1.2   Dichteste Lagerung

Versuchsdurchführung

Der Porenanteil bei dichtester Lagerung min n wird im Labor mit dem Schlaggabel-verfahren (Abb. E-17) bestimmt. Bei diesem Verfahren dürfen die Böden keine Fein-anteile (Korngrößen < 0,06 mm) und höchstens 50 % Feinsand (Korngrößen 0,06 bis 0,2 mm) enthalten. An derselben Probe wird zunächst fünfmal die lockerste Lagerung und anschließend die dichteste Lagerung, und zwar nur einmal am Material vom letz-ten Versuch zur Bestimmung der lockersten Lagerung, ermittelt. Dabei wird jeweils ein Fünftel der Bodenprobe in einem Versuchszylinder (V_1) unter Zugabe von Wasser definiert und lagenweise verdichtet. Die Verdichtungsarbeit wird mit einer Schlagga-bel in Form von 30 Doppelschlägen auf die Außenwand des Zylinders eingebracht. Nach Abschluss ist das Wasser durch eine Wasserstrahlpumpe abzusaugen. Befindet sich das abzusaugende Wasser kurz über der Probenoberfläche, wird eine Kopfplatte mit der Höhe h auf die Probe aufgebracht und diese nochmals mit fünf bis sechs Dop-pelschlägen verdichtet. Die eingetretene Setzung ist an drei Stellen zu messen und zu mitteln (s_m), um das erzeugte Leervolumen V_3 zu berechnen.

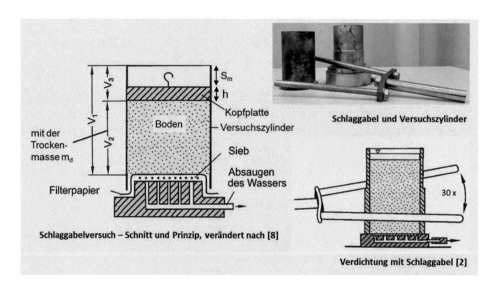

Schlaggabelversuch – Schnitt und Prinzip, verändert nach [8]

Schlaggabel und Versuchszylinder

Verdichtung mit Schlaggabel [2]

Abb. E-17: Bestimmung der dichtesten Lagerung gem. DIN 18126 mittels Schlaggabel-versuch

Die dichteste Lagerung kann nach DIN 18126 für Böden mit maximal 10 % Feinanteil (Korndurchmesser ≤ 0,06 mm) auch durch Verdichtung der Probe auf einem Rüttel-tisch mit definierter Frequenz f und Schwingweite A (Abb. E-18) bestimmt werden. In diesem Fall ist die lockerste Lagerung im Anschluss an den Rütteltischversuch an derselben Probe und in identischen Versuchszylindern zu ermitteln.

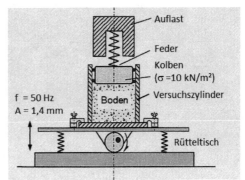

Abb. E-18: Bestimmung der dichtesten Lagerung mit dem Rütteltischverfahren gem. DIN 18126, verändert nach [2]

Auswertung

Unter Berücksichtigung des Volumens des Versuchszylinders V_1 und des Leervolumens V_3 lässt sich das Volumen der mittels Schlaggabel verdichteten Bodenprobe V_2 (Abb. E-17) nach Gleichung E22 bestimmen. Mit diesem verdichteten Volumen und der Trockenmasse m_d wird die Trockendichte bei dichtester Lagerung max ρ_d berechnet (Gl. E23). Mit der Korndichte ρ_s und der Trockendichte bei dichtester Lagerung max ρ_d lässt sich anschließend der Porenanteil bei dichtester Lagerung min n ermitteln (Gl. E24). Alternativ zu min n kann auch die Porenzahl bei dichtester Lagerung min e mit Gleichung E25 rechnerisch ermittelt werden.

$$V_2 = V_1 - V_3 \qquad [\text{cm}^3] \tag{E22}$$

$$\max \rho_d = \frac{m_d}{V_2} \qquad \left[\frac{\text{g}}{\text{cm}^3}\right] \tag{E23}$$

$$\min \ n = 1 - \frac{\max \rho_d}{\rho_s} \qquad [-] \tag{E24}$$

$$\min e = \frac{\rho_s}{\max \rho_d} - 1 \qquad [-] \tag{E25}$$

mit:

V_1..   Volumen des Zylinders gem. Abb. E-17 [cm³]

V_2..   Volumen des Zylinders mit verdichtetem Boden gem. Abb. E-17 [cm³]

V_3..   Leervolumen, also Volumen des Zylinders ohne Boden gem. Abb. E-17 [cm³]

m_d..   Trockenmasse des eingerieselten Bodens [g] aus Versuch Nr. 5 „lockerste Lagerung"

ρ_s..   Korndichte des eingerieselten Bodens [g/cm³]

E-3.1.3   Lagerungsdichte und Verwendung

Der Stoffzustand nichtbindiger Böden wird qualitativ mit den Ausprägungen „sehr locker, locker, mitteldicht und dicht sowie sehr dicht gelagert" beschrieben. Die Grenzwerte der Lagerungsdichte sind die lockerste Lagerung mit max n (max e) und die dichteste Lagerung mit min n (min e). Der aktuelle Zustand, also die aktuelle Lagerungsdichte wird durch den natürlichen Porenanteil n oder die natürliche Porenzahl e (vgl. Kapitel E-2.2.1) beschrieben und ist an einer ungestörten Probe aus dem Feld zu ermitteln.

Der Vergleich der definierten Grenzwerte der Lagerungsdichte (max n, min n bzw. max e, min e) mit der aktuellen Lagerungsdichte (natürlicher Porenanteil n bzw. natürliche Porenzahl e) erfolgt durch die zahlenmäßige Bestimmung der Parameter Lagerungsdichte D oder bezogene Lagerungsdichte I_D (Gl. E26, E27). Die Zahlenwerte von D und I_D stimmen für die Grenzwerte 0 und 1 überein.

$$D = \frac{\max n - n}{\max n - \min n} = \frac{\rho_d - \min \rho_d}{\max \rho_d - \min \rho_d} \qquad [-] \qquad (E26)$$

$$I_D = \frac{\max e - e}{\max e - \min e} = \frac{\max \rho_d \cdot (\rho_d - \min \rho_d)}{\rho_d(\max \rho_d - \min \rho_d)} \qquad [-] \qquad (E27)$$

Tab. E-07: Qualitative Benennung der Lagerungsdichte in Abhängigkeit von Lagerungsdichte D und Ungleichförmigkeitszahl C_u, nach [12]

Lagerungsdichte D		Benennung Lagerungsdichte
$C_u \leq 3$	$C_u > 3$	
$0,00 \leq D < 0,15$	$0,00 \leq D < 0,20$	sehr locker
$0,15 \leq D < 0,30$	$0,20 \leq D < 0,45$	locker
$0,30 \leq D < 0,50$	$0,45 \leq D < 0,65$	mitteldicht
$0,50 \leq D < 0,75$	$0,65 \leq D < 0,90$	dicht
$0,75 \leq D \leq 1,00$	$0,90 \leq D \leq 1,00$	sehr dicht

Anhand von D (Tab. E-07) oder I_D (vgl. Tab. D-06) lässt sich der untersuchte Boden als sehr locker, locker, mitteldicht, dicht oder sehr dicht gelagert einstufen, sodass schließlich die Tragfähigkeit des Baugrundes eingeschätzt werden kann.

Merke(!):

Ein nichtbindiger bzw. grobkörniger Boden, der mindestens mitteldicht gelagert ist, kann als tragfähig eingestuft werden.

E-3.2 Stoffzustand bindiger Böden – Konsistenz und Plastizität

Merke (!):

Die Begriffe Konsistenz und Plastizität sind nur für die Zustandsbeschreibung bindiger Böden anwendbar.

Die Zustandsform oder Konsistenz feinkörniger bzw. bindiger Böden ist abhängig vom Wassergehalt. Ausgetrocknete bindige Böden, deren Konsistenz als halbfest oder fest bezeichnet wird, weisen einen starken inneren Zusammenhalt auf, sodass sie kaum bzw. nicht verformbar sind.

Mit zunehmendem Wassergehalt erfolgt der Übergang in den plastischen (bildsamen) Bereich, der die Zustände kennzeichnet, bei denen sich bindige Böden verformen lassen. Der plastische Bereich wird durch die Konsistenzen breiig, weich und steif beschrieben.

Bei hohen Wassergehalten geht die innere Festigkeit des Boden verloren, sodass er sich ähnlich einer Flüssigkeit verhält.

Der Stoffzustand bindiger Böden wird also qualitativ durch Konsistenzen mit den Ausprägungen „flüssig, breiig, weich, steif, halbfest und fest" beschrieben.

Beurteilt wird die Konsistenz unter Verwendung der drei Konsistenzgrenzen, welche auch als Grenzwerte der Konsistenz oder des Wassergehalts bezeichnet werden. Im Einzelnen sind das der Wassergehalt an der Fließgrenze w_L, der Wassergehalt an der Ausrollgrenze w_P und der Wassergehalt an der Schrumpfgrenze w_S.

E-3.2.1 Fließgrenze - Bestimmung mit dem Verfahren nach Casagrande

Die Fließgrenze w_L kennzeichnet den Wassergehalt eines bindigen Bodens am Übergang von flüssiger zu breiiger Konsistenz (Abb. E-24).

Versuchsdurchführung

Die Fließgrenze wird nach DIN EN ISO 17892-12 mit Hilfe des Fließgrenzengerätes nach Casagrande bestimmt (Abb. E-19). Dabei wird die zum Versuchsgerät gehörende Messingschale mit der aufbereiteten Bodenprobe 1 - 2 cm dick ausgestrichen und in das Gerät eingehängt. Nachdem in die Bodenprobe eine Furche gezogen wurde, ist die Schale durch Betätigen der Kurbel wiederholt um 10 mm anzuheben und wieder fallen zu lassen. Durch das wiederholte Aufschlagen der Schale wird ein Zusammenfließen und damit ein Schließen der Furche bewirkt. Hat sich die Furche am Boden der Schale auf einer Länge von einem Zentimeter geschlossen, wird notiert, wie oft die Kurbel betätigt werden musste, d. h., wie oft die Schale aufgeschlagen ist. Diese Anzahl, welche sich am Gerät ablesen lässt, wird als Schlagzahl N bezeichnet. Anschließend ist der Wassergehalt w von der in der Messingschale befindlichen Bodenprobe zu bestimmen.

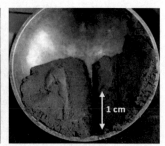

Fließgrenzengerät mit   **Furche zu Versuchsbeginn**   **Furche Versuchsende**
Furchenzieher

Abb. E-19: Fließgrenzengerät nach Casagrande

Auswertung

Die Fließgrenze des Bodens ist als der Wassergehalt definiert, bei dem sich die Furche nach genau 25 Schlägen auf 1 cm Länge am Boden der Schale geschlossen hat. Da dieses Kriterium versuchstechnisch nur schwer zu erreichen ist, wird der beschriebene Versuch mindestens viermal mit z. B. steigendem Wassergehalt durchgeführt.

Zur Ermittlung der Fließgrenze sind die vier Wertepaare, bestehend aus Wassergehalt w (linear) und Schlagzahl N (logarithmisch), in einem halblogarithmischen Koordinatensystem aufzutragen. Da die entstehenden Datenpunkte aus versuchstechnischen Gründen in den wenigsten Fällen auf einer Geraden liegen, sind diese durch eine Ausgleichsgerade (Abb. E-20) zu verbinden.

Diese Ausgleichsgerade ist nach Augenmaß so zu legen, dass der Abstand zwischen den Datenpunkten und der Gerade minimiert ist. In der weiteren Auswertung ist die Schlagzahl N = 25 mit der Ausgleichsgeraden zum Verschnitt zu bringen. Der Wassergehalt, der am Schnittpunkt auf der Ordinate abgelesen wird, stellt definitionsgemäß die Fließgrenze w_L des untersuchten Bodens dar.

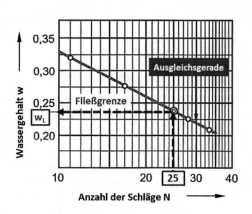

Abb. E-20: Bestimmung der Fließgrenze, in
Anlehnung an DIN EN ISO 17892-12

E-3.2.2   Fließgrenze – Bestimmung mit dem Kegelfallgerät

Versuchsdurchführung

Die Fließgrenze w_L darf nach DIN EN ISO 17892-12 ebenfalls mit dem Kegelfallgerät ermittelt werden. Dafür sind Geräte mit genormten Kegelgewichten und genormten Kegelwinkeln von 60 g/60° (Abb. E-22, links) oder 80 g/30° zugelassen.

Es wird der Kegel, dessen Spitze die Probenoberfläche zu Versuchsbeginn gerade berührt, fallengelassen. Dabei ist die Endringtiefe h abzulesen. Anschließend muss der Wassergehalt w der untersuchten Probe bestimmt werden. Der Versuch ist noch mindestens dreimal mit veränderten Wassergehalten zu wiederholen. Die Differenz zwischen zwei aufeinanderfolgenden Messungen der Eindringtiefe darf dabei die Grenzwerte nach DIN EN ISO 17892-12 nicht überschreiten.

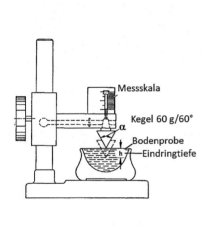

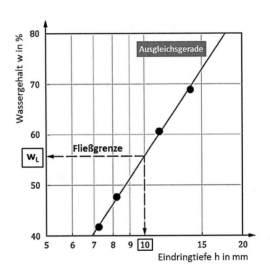

Kegelfallgerät, verändert nach [2]   Auswertung, verändert nach DIN EN ISO 17892-12

Abb. E-22: Bestimmung der Fließgrenze mit dem Kegelfallgerät

Auswertung

Die grafische Auswertung des Fallkegelversuchs mit dem Kegel 60 g/60° ist rechts in Abbildung E-22 dargestellt. Die in den mindestens vier Versuchen gemessenen Eindringtiefen h und die dazugehörigen Wassergehalte w werden grafisch aufgetragen und durch eine Ausgleichgerade verbunden. Wird ein Kegel mit 60 g/60° verwendet, ist ein halblogarithmisches Diagramm zu wählen. Im Falle eines Kegels mit 80 g/30° sind die Achsen linear zu skalieren. Die Fließgrenze w_L wird dann bei einer definierten Eindringtiefe abgelesen. Diese liegt für den Kegel 60 g/60° bei h = 10 mm und für den Kegel 80 g/30° bei h = 20 mm.

Hinweis:

Nach DIN EN ISO 17892-12 liefert das Fallkegelverfahren Ergebnisse mit höherer Wiederholpräzision. Die Ergebnisse beider Versuche stimmen i. A. nur im Fließgrenzenbereich von etwa 30 % bis 40 % überein. Das Verfahren nach Casagrande liefert gegenüber dem Fallkegelverfahren in höheren Fließgrenzenbereichen generell etwas höhere Werte der Fließgrenze, in niedrigeren Fließgrenzenbereichen ergeben sich mit dem Verfahren nach Casagrande allgemein etwas niedrigere Werte der Fließgrenze.

E-3.2.3　Ausrollgrenze

Die Ausrollgrenze w_P kennzeichnet den Wassergehalt eines bindigen Bodens an dem Übergang von steifer zu halbfester Konsistenz (Abb. E-24).

Versuchsdurchführung

Die Ausrollgrenze w_P wird durch Ausrollen einer Bodenprobe nach DIN EN ISO 17892-12 ermittelt (Abb. E-21). Dazu wird die Probe geteilt. Aus beiden Teilproben werden jeweils drei weitere Unterportionen hergestellt.

Abb. E-21: Bestimmung der Ausrollgrenze nach DIN EN ISO 17892-12

Jede der Unterportionen wird dann so lange gerollt, wieder zusammengeknetet und neu ausgerollt, bis diese aufgrund des sich verringernden Wassergehaltes bei 3 mm Dicke zu zerbröckeln beginnt. Zur genaueren Abschätzung der Dicke ist ein Vergleichsstab von 3 mm Durchmesser zweckmäßig. Fängt die Probe beim Ausrollen zu bröckeln an, ist der Wassergehalt zu bestimmen. Die detaillierte Versuchsdurchführung ist DIN EN ISO 17892-12 zu entnehmen.

Auswertung

Aus den Wassergehalten der beiden Teilproben wird anschließend die Ausrollgrenze w_P als arithmetischer Mittelwert bestimmt. Nach DIN EN ISO 17892-12 dürfen die Wassergehalte der beiden untersuchten Teilproben nur um definierte Werte voneinander abweichen. Ist dies nicht der Fall, muss der Versuch wiederholt werden.

E-3.2.4　Schrumpfgrenze

Die Schrumpfgrenze w_S kennzeichnet den Wassergehalt eines bindigen Bodens am Übergang von halbfester zu fester Konsistenz (Abb. E-24).

Mit abnehmendem Wassergehalt verringert sich das Volumen einer bindigen Probe, weil diese durch die Kapillarwirkung des eingeschlossenen Wassers schrumpft.

Versuchsdurchführung

Der Versuch zur Bestimmung der Schrumpfgrenze ist in DIN 18122-2 geregelt. Die Schrumpfgrenze ist erreicht, wenn die Volumenverminderung (Schrumpfen) der Bodenprobe durch Austrocknung an der Luft abgeschlossen ist, das Volumen mit $V = V_s$ folglich konstant bleibt (Abb. E-23).

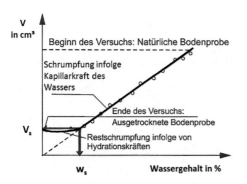

Definition der Schrumpfgrenze, verändert nach [9]   **Ringform mit geschrumpfter Probe**

Abb. E-23: Definition der Schrumpfgrenze und Versuch

Zur Bestimmung seiner Schrumpfgrenze wird der Boden mit dem 1,1-fachen Wassergehalt der Fließgrenze aufbereitet, luftporenfrei in eine Ringform gestrichen, an den Stirnflächen abgeglichen und bei Zimmertemperatur so lange getrocknet, bis sich ein Farbumschlag von dunkel zu hell eingestellt hat. Um den Farbumschlag sicher erkennen zu können, ist es zweckmäßig, eine Parallelprobe des Ausgangsmaterials zum Vergleich vorzubereiten, welche vor dem Austrocknen zu schützen ist, sodass diese die ursprüngliche Farbe behält. Nach dem Farbumschlag wird die Probe im Wärmeschrank bei 105 °C bis zur Massenkonstanz getrocknet. Anschließend sind Masse und Volumen der getrockneten Probe zu bestimmen.

Auswertung

Zur Ermittlung des Wassergehaltes an der Schrumpfgrenze (Gl. E28) müssen entsprechend DIN EN ISO 17892-2 die Trockenmasse m_d durch Wägung sowie das Volumen V_d des im Ofen getrockneten Probekörpers, z. B. durch Tauchwägung oder Ausmessen (vgl. Kap. E-2.1.1) ermittelt werden.

Die Schrumpfgrenze w_s ist wie folgt definiert:

$$w_S = \left(\frac{V_d}{m_d} - \frac{1}{\rho_s}\right) \cdot \rho_w \qquad [-] \qquad (E28)$$

mit:

V_d.. Volumen des im Ofen getrockneten Probekörpers in cm³
m_d.. Trockenmasse des Probekörpers in g
ρ_s.. Korndichte des Bodens in g/cm³
ρ_w.. Dichte des Wasser in g/cm³

Das **Volumenschrumpfmaß S** ist die auf das Ausgangsvolumen V bezogene Volumen-verminderung (V - V_d), welche eine natürliche Probe beim Trocknen bis zur Schrumpf-grenze erfährt. Dieser Parameter beschreibt quantitativ, wie stark ein Boden bei Aus-trocknung zur Volumenverminderung bzw. zum Schrumpfen neigt.

$$S = \frac{V - V_d}{V} \cdot 100 \qquad [\%] \qquad (E29)$$

mit:

V.. Volumen der Probe vor Versuchsbeginn (Ausgangsvolumen) [cm³]
V_d.. Volumen der geschrumpften Probe nach Ofentrocknung [cm³]

E-3.2.5   Konsistenz und Konsistenzindex

Der aktuelle Zustand, welcher die Bodenprobe aus dem Feld aufweist, wird über ih-ren natürlichen Wassergehalt w bestimmt.

Der Vergleich der Wassergehalte an den Konsistenzgrenzen mit dem natürlichen Wassergehalt der Bodenprobe erfolgt quantitativ durch die Bestimmung des **Konsis-tenzindex I_C**.

$$I_C = \frac{w_L - w}{w_L - w_P} = \frac{w_L - w}{I_P} \qquad [-] \qquad (E30)$$

mit:

w_L.. Wassergehalt an der Fließgrenze [-]
w.. natürlicher (aktueller) Wassergehalt der untersuchten Probe [-]
w_P.. Wassergehalt an der Ausrollgrenze [-]
I_P.. Plastizitätszahl $I_P = w_L - w_P$ [-]

Mit dem Zahlenwert des Konsistenzindex I_C kann im Anschluss die Konsistenz des untersuchten Bodens qualitativ als flüssig, breiig, weich, steif, halbfest oder fest eingestuft werden. Dazu kann die Abbildung E-24 herangezogen werden, welche den Zusammenhang zwischen den Wassergehalten an der Fließ-, Ausroll- und Schrumpfgrenze, dem Konsistenzindex I_c und der qualitativen Bezeichnung der Konsistenzen darstellt.

Ergibt sich ein Konsistenzindex von $I_c > 1,0$, muss zur eindeutigen qualitativen Bezeichnung der Konsistenz der natürliche Wassergehalt mit der Schrumpfgrenze verglichen werden. Ist der aktuelle Wassergehalt w dabei größer als der Wassergehalt an der Schrumpfgrenze w_s, weist der Boden eine halbfeste Konsistenz auf. Anderenfalls ist die Konsistenz mit fest zu beschreiben.

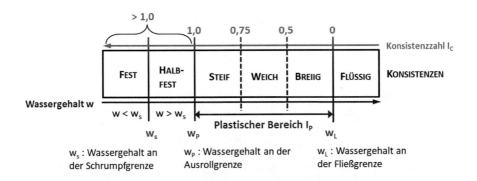

Abb. E-24: Konsistenzen, Konsistenzgrenzen und Plastistischer Bereich

E-3.2.6 Plastischer Bereich und Plastizitätszahl

Die Größe des plastischen Bereichs, in welchem die bindigen Böden formbar sind, wird durch die **Plastizitätszahl I_P** quantifiziert. Die Plastizitätszahl ist abhängig von der Bodenart (Ton, Schluff) und definitionsgemäß unabhängig von dem aktuellen bzw. natürlichen Wassergehalt des Bodens.

$$I_P = w_L - w_P \quad [-] \tag{E31}$$

Anhand der Plastizitätszahl I_P kann auf die Wasserempfindlichkeit eines bindigen Bodens geschlossen werden. Die Wasserempfindlichkeit beschreibt, in welchem Maße die aktuelle Konsistenz eines Bodens bei Wassergehaltsänderungen in eine andere übergeht. Je kleiner die Plastizitätszahl I_P, also je kleiner der plastische Bereich, desto geringer ist die Differenz des Wassergehalts, welche zur Änderung der Konsistenz des Bodens führt. Je größer die Plastizitätszahl I_P, also je größer der plastische Bereich, desto toleranter reagiert der Boden auf Änderungen des Wassergehalts. D. h., es bedarf größerer Wassergehaltsänderungen, damit sich die Konsistenz des Bodens verschlechtert oder verbessert.

In Abbildung E-25 ist der beschriebene Zusammenhang zwischen der Größe des plastischen Bereiches bzw. der Plastizitätszahl I_P und der Wasserempfindlichkeit von bindigen Böden veranschaulicht.

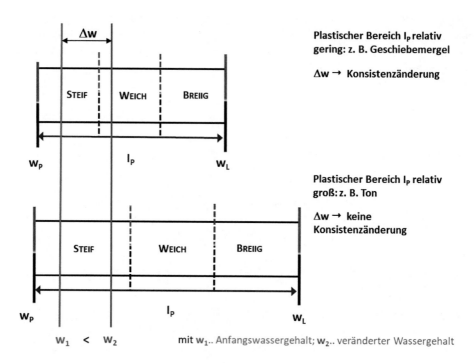

Abb. E-25: Zusammenhang zwischen der Größe des plastischen Bereiches I_p und der Wasserempfindlichkeit

E-3.2.7   Verwendung

Mit Hilfe der Konsistenzgrenzen, des Konsistenzindex I_C und der Plastizitätszahl I_P kann auf die bautechnischen Eigenschaften eines bindigen Bodens geschlossen werden. Weiterhin erfolgt nach DIN 18196 die Einordnung bindiger Böden in Bodengruppen anhand der Fließgrenze w_L und der Plastizitätszahl I_P.

Böden mit hoher Fließgrenze w_L sind sehr feinkörnig, haben geringe Steifemodule sowie kleine Reibungswinkel und sind daher setzungs- und rutschempfindlich. Auch die Tragfähigkeit bindiger Böden hängt von der Konsistenz ab, so sind z. B. halbfeste tragfähiger als steife Böden oder steife tragfähiger als weiche Böden.

Merke(!):

Ein bindiger Boden, der mindestens eine steife Konsistenz aufweist, kann als tragfähig eingestuft werden.

Wasserempfindliche Böden sind Böden mit einer niedrigen Plastizitätszahl I_P, bei denen schon eine geringe Zunahme des Wassergehaltes ausreicht, um die Konsistenz z. B. von steif zu weich zu verändern und damit die Tragfähigkeit des Bodens zu verschlechtern (siehe Abb. E-25). Um die Tragfähigkeit des Baugrunds zu erhalten, müssen wasserempfindliche Böden in der Baupraxis vor Wassergehaltsänderungen (Regen) z. B. durch Abdecken geschützt werden.

Böden, die zum Schrumpfen neigen, reißen, wenn sie z. B. durch Sonneneinstrahlung austrocknen. In diese Bodenrisse kann Wasser eindringen. Aufgrund des zunehmenden Wassergehaltes verschlechtert sich die Konsistenz des Bodens daraufhin derart, dass es zu Böschungsrutschungen kommen kann. In der Baupraxis sind solche Böden daher wirksam z. B. durch Begrünung vor Austrocknung zu schützen.

Wird einem Boden mit hohem Volumenschrumpfmaß durch Bäume oder infolge einer Grundwasserabsenkung Wasser entzogen, führt diese Austrocknung zur Volumenabnahme, also zum Schrumpfen. Als Konsequenz stellen sich nachträglich Setzungen im Baugrund ein, welche wiederum zu Schäden an Gebäuden führen können. Zur Vermeidung solcher Schäden ist die Austrocknung derartiger Böden zu verhindern. Kann dies über die geplante Nutzungsdauer nicht sichergestellt werden, ist die Eignung des Bodens als Baugrund unter Umständen nicht gegeben.

Ein aussagekräftiger quantitativer Kennwert, welcher zur Beurteilung der Eignung eines bindigen Bodens als Baugrund herangezogen werden kann, ist das Volumenschrumpfmaß S (Gl. E-29). Aus den in Tabelle E-08 aufgelisteten Werten geht hervor, dass sich die Baugrundeignung mit zunehmendem Volumenschrumpfmaß S verschlechtert.

Tab. E-08: Volumenschrumpfmaß und Baugrundeignung, nach [9]

Volumenschrumpfmaß S in %	Baugrundeignung
$S < 5$	gut
$5 \leq S \leq 10$	mittel
$10 < S \leq 15$	schlecht
$S > 15$	sehr schlecht

E-4　Mechanische Eigenschaften

E-4.1　Verdichtungseigenschaften, Verdichtung und Qualitätskontrolle im Erdbau

Boden als Baumaterial z. B. für das Planum eines Fundamentes, für Dämme und Deiche oder für Hinterfüllungen von Brückenwiderlagern muss in der Lage sein, die Belastungen aus den Bauwerken sicher aufzunehmen. Das bedeutet, es dürfen keine Schäden auftreten, welche die Tragfähigkeit oder die Gebrauchstauglichkeit des Bauwerkes einschränken. Entsprechend dieser Forderung müssen die Eigenschaften des verwendeten Bodens gezielt durch Materialauswahl und Verdichtung beeinflusst werden.

Mit Hilfe von Verfahren und Kenngrößen, welche die Verdichtungseigenschaften eines Bodens quantifizieren, können Aussagen über die grundsätzliche Eignung des Bodens als Baumaterial für ein geplantes Bauvorhaben getroffen werden.

Diese Kenngrößen werden weiterhin als Basis für die Kalkulation hinsichtlich Einbauverfahren, Materialmenge, Personal, Zeit und Kosten benötigt sowie zur Kontrolle des Verdichtungserfolges und damit zur Qualitätskontrolle herangezogen.

E-4.1.1　Proctorversuch

Der US-amerikanische Bauingenieur RALPH ROSCOE PROCTOR (1894 – 1962) entwickelte u. a. während eines großen Dammbauprojektes, bei der Erbauung des Bouquet Canyon Damms im Angeles National Forest im US-Bundesstaat Kalifornien, den nach ihm benannten Proctorversuch. Im Jahr 1933 veröffentlichte er die wesentlichen Ergebnisse einer Studie, deren Ziel es war, geeignete Verfahren für den qualifizierten Bau von Erddämmen zu entwickeln. Mit dem Proctorversuch konnte der bestmögliche Wassergehalt für die verdichtet einzubauenden Erdmassen ermittelt werden, sodass die gestellten Anforderungen an Stabilität und Wasserdurchlässigkeit des fertiggestellten Dammes erfüllt wurden. [20] Seitdem wird der Proctorversuch, welcher in DIN 18127 geregelt ist, für die Ermittlung von Verdichtungseigenschaften und die Qualitätskontrolle im Erdbau eingesetzt.

Unter künstlicher Verdichtung wird die bleibende Verminderung des Porenanteils und damit die bleibende Erhöhung der Trockendichte eines Bodens verstanden. Diese ist am wirksamsten durch statische und/oder dynamische Verfahren, d. h. durch Walzen, Stampfer oder Rüttler zu erzielen.

Die erreichbaren Trockendichten werden durch die zu untersuchende Bodenart, die eingetragene Verdichtungsarbeit und den Wassergehalt des zu verdichtenden Bodens beeinflusst. Mit der Erhöhung der Verdichtungsarbeit nimmt grundsätzlich auch die Trockendichte zu. Jeder Boden lässt sich bei einem bestimmten Wassergehalt, der als optimaler Wassergehalt bezeichnet wird, maximal verdichten. Weist der Boden einen Wassergehalt auf, der unter- oder oberhalb vom optimalen Wassergehalt liegt, lässt er sich entsprechend schlechter verdichten.

Versuchsdurchführung

In einem Probezylinder, der als Proctortopf bezeichnet wird, ist die Bodenprobe in drei Lagen einzubringen. Dabei ist jede Lage mit einer definierten Arbeit zu verdichten. Konkret erfolgt diese Verdichtung durch 25 Schläge mit dem Proctorhammer, welche dazu gleichmäßig (kreisförmig) auf jeder Lage anzuordnen sind. Die Verdichtung mit dem Proctorhammer kann sowohl manuell als auch maschinell erfolgen (Abb. E-26).

Anschließend sind Masse m und Wassergehalt w (vgl. Kapitel E-2.1.2) des Bodens, der sich im Proctortopf befindet, zu bestimmen, um mit diesen Parametern die entsprechende Trockendichte ρ_d ermitteln zu können. Der gleiche Versuch wird an mindestens fünf Proben praktischerweise mit jeweils steigendem Wassergehalt durchgeführt.

Die genormte, spezifische Verdichtungsarbeit des zu verwendenden Proctorhammers (Gewichtskraft: 25 N, Fallhöhe: 30 cm) entspricht dabei mit W = 0,6 MN·m/m³ der Wirkung von Verdichtungsgeräten, die üblicherweise in der Praxis zum Einsatz kommen.

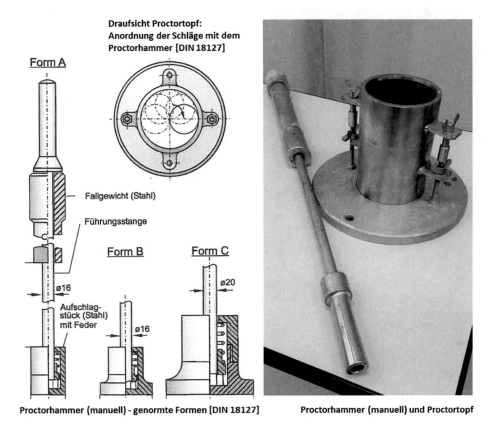

Proctorhammer (manuell) - genormte Formen [DIN 18127]   Proctorhammer (manuell) und Proctortopf

Abb. E-26: Proctorversuch gem. DIN 18127

Auswertung

Für die Auswertung des Proctorversuches sind demnach mindestens fünf Wertepaare, bestehend aus Wassergehalt und Trockendichte, zu ermitteln und grafisch als sogenannte Proctorkurve aufzutragen (Abb. E-27). Die Trockendichte ρ_d lässt sich dabei z. B. über den Zusammenhang zwischen Wassergehalt w und Feuchtdichte ρ (Gl. E32-E34) bestimmen.

$$w = \frac{m_w}{m_d} \qquad [-] \tag{E32}$$

$$\rho = \frac{m}{V} \qquad \left[\frac{g}{cm^3}\right] \tag{E33}$$

$$\rho_d = \frac{\rho}{1 + w} = \frac{m_d}{V} \quad \left[\frac{g}{cm^3}\right] \tag{E34}$$

mit:

w.. Wassergehalt der Probe [-]
m_w.. Masse des Wassers [g]
m_d.. Trockenmasse des Bodens [g]
ρ.. Feuchtdichte des Bodens [g/cm³]
m.. Feuchtmasse des Bodens [g/cm³]
V.. Volumen des Versuchszylinders (Proctortopf) [cm³]
ρ_d.. Trockendichte des Bodens [g/cm³]

Bei der Zeichnung der Proctorkurve im ρ_d-w-Diagramm ist darauf zu achten, dass diese als Ausgleichsgerade, mit möglichst großem Krümmungsradius in ihrem Scheitel, an die Messpunkte angepasst wird. **Optimaler Wassergehalt w_{Pr}** und **Proctordichte ρ_{Pr}** sind als der Wassergehalt und die Trockendichte definiert, welche im Scheitelpunkt der aufgetragenen Proctorkurve abzulesen sind.

Hinweis:
Der Scheitelpunkt ergibt sich i. d. R. nicht aus den maximalen Versuchswerten des Wassergehalts und der Trockendichte.

Die Proctorkurve besteht aus einem aufsteigenden und einem absteigenden Abschnitt. Weil für den aufsteigenden Bereich der Proctorkurve der Wassergehalt niedriger als der optimale Wassergehalt ($w < w_{Pr}$) ist, wird dieser als trockene Seite oder trockener Ast der Proctorkurve bezeichnet.

Im Gegensatz dazu handelt es sich beim absteigenden Bereich um die nasse Seite oder den nassen Ast, da hier der Wassergehalt für jeden Punkt größer als optimale Wassergehalt (w > w_{Pr}) ist.

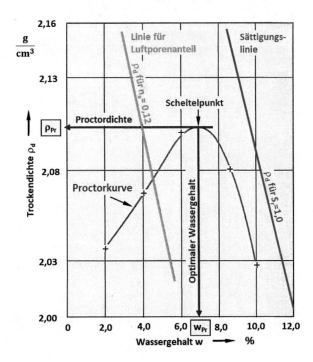

Abb. E-27: Proctorkurve, in Anlehnung an DIN 18127

Der Verlauf der Proctorkurve gibt wieder, dass bei niedrigen Wassergehalten zwischen den Bodenteilchen so große Reibungswiderstände (Kapillarfestigkeit) vorhanden sind, dass durch die Verdichtung nur eine geringe Abnahme des Porenraums bzw. Zunahme der Trockendichte erreicht wird. Mit zunehmendem Wassergehalt nimmt diese Reibung ab, sodass die Trockendichte größer wird. Daher zeigt die Proctorkurve auf dem trockenen Ast einen ansteigenden Verlauf (w < w_{Pr}).

Werden die Wassergehalte größer, ist eine Umlagerung der Bodenteilchen und damit die Verkleinerung des Porenraums in immer geringerem Maße und schließlich gar nicht mehr möglich. Die Trockendichte nimmt wieder ab, was aus dem absteigenden Verlauf der Proctorkurve (nasser Ast: w > w_{Pr}), der etwa parallel zur Sättigungslinie verläuft, ersichtlich wird.

In Abbildung E-28 sind die beschriebenen Bodenstrukturen (Bodenteilchen und Porenanteil) bei jeweils unterschiedlichen Wassergehalten noch einmal veranschaulicht.

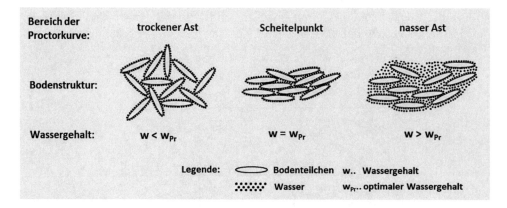

Abb. E-28: Strukturen künstlich verdichteter Böden in verschiedenen Bereichen der Proctorkurve – Abhängigkeit vom Wassergehalt, in Anlehnung an [3]

Zur Abschätzung des Luftporenanteils n_a als Maß für die Verdichtbarkeit ist zusätzlich zur Proctorkurve die Sättigungsline für $S_r = 1$ ($n_a = 0$) einzutragen. Der waagerechte Abstand der Punkte der Proctorkurve von der Sättigungslinie ist demzufolge ein Maß für den Luftgehalt des verdichteten Bodens. Um diese zeichnen zu können, ist für ausgewählte Wassergehalte die Trockendichte (Gl. E35) zu errechnen, welche der Boden bei Wassersättigung aufweisen würde (Abb. E-27). Die Wassergehalte sind für diese Berechnung so zu wählen, dass sich die Werte der ermittelten Trockendichten hinsichtlich der Größenordnung in das skalierte Diagramm der Proctordichte einpassen.

Trockendichte bei Wassersättigung (Sättigungslinie für $S_r = 1$):

$$\rho_d = \frac{\rho_s}{1 + \dfrac{w \cdot \rho_s}{\rho_w \cdot S_r}} \qquad \left[\frac{g}{cm^3}\right] \tag{E35}$$

mit:

ρ_d.. Trockendichte [g/cm³]

ρ_s.. Korndichte [g/cm³]

ρ_w.. Dichte des Wassers [g/cm³]

w.. gewählter Wassergehalt [-]

S_r.. Sättigungszahl $S_r = 1$ [-]

In der Praxis wird häufig eine Höchstgrenze für den Luftporenanteil n_a gefordert, die in Abhängigkeit von der Bodenart bei z. B. $n_a = 5$ % oder $n_a = 12$ % liegen kann. Die sich für den jeweiligen Grenzwert des Luftporenanteils und für ebenfalls frei wählbare Wassergehalte ergebenden Trockendichten (Gl. E36) sind zusätzlich zu Proctorkurve und Sättigungslinie als Linie für den jeweiligen Luftporenanteil aufzutragen (Abb. E-27).

Trockendichte bei Begrenzung des Luftporenanteils n_a:

$$\rho_d = \frac{(1 - n_a) \cdot \rho_s}{1 + \dfrac{w \cdot \rho_s}{\rho_w}} \quad [\frac{g}{cm^3}] \tag{E36}$$

mit:

ρ_d.. Trockendichte [g/cm³]

ρ_s.. Korndichte [g/cm³]

ρ_w.. Dichte des Wassers [g/cm³]

w.. gewählter Wassergehalt [-]

n_a.. Luftporenanteil [-]

E-4.1.2 Bodenabhängiges Verdichtungsverhalten

Abbildung E-29 zeigt typische Proctorkurven für bindige und nichtbindige Böden unter Angabe von Bodengruppen gem. DIN 18196, aus denen die Abhängigkeit des Verdichtungsverhaltens von der Bodenart klar hervorgeht. So verlaufen die Proctorkurven für gleichförmige bzw. enggestufte Sande (SE) und Kiese (GE) relativ flach, d. h., der Einfluss von Wassergehaltsänderungen auf die Trockendichte und damit die Verdichtbarkeit dieser Böden ist gering.

Weiterhin ist ersichtlich, dass sich z. B. bei ausgeprägt plastischen Tonen (TA), organogenen Tonen (OT) und organogenen Schluffen (OU) die geringsten Proctordichten bei hohen optimalen Wassergehalten erreichen lassen.

Dahingegen sind an weitgestuften Kiesen (GW), Kies-Ton-Gemischen (GT) und Kies-Schluff-Gemischen (GU) bei deutlich geringeren optimalen Wassergehalten die größten Proctordichten zu erzielen.

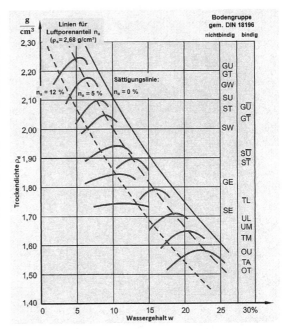

Abb. E-29: Typische Proctorkurven für ausgewählte Bodengruppen nach DIN 18196, verändert nach [9]

Der Einfluss des Kiesgehaltes auf die Proctordichte und den Proctorwassergehalt eines schluffigen Sandes geht aus Abbildung E-30 hervor. Mit zunehmendem Kiesgehalt lassen sich in einem schluffigen Sand größere Proctordichten bei gleichzeitig abnehmendem optimalen Wassergehalt erreichen.

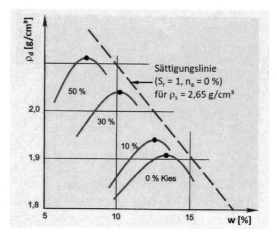

Abb. E-30: Proctorkurven eines schluffigen Sandes bei unterschiedlichem Kiesgehalt, verändert nach [9]

Weiterhin können für eine überschlägige Ermittlung der Proctordichte und des optimalen Wassergehalts für feinkörnige Böden die Bodenkenngrößen Fließ- und Ausrollgrenze herangezogen werden. In Abbildung E-31 (li) ist der Zusammenhang zwischen der Fließgrenze und der Proctordichte dargestellt. Die Korrelation zwischen der Fließgrenze und dem optimalem Wassergehalt, welcher durch den Wassergehalt an der Ausrollgrenze nach oben begrenzt wird, ist Abbildung E-31 (re) zu entnehmen.

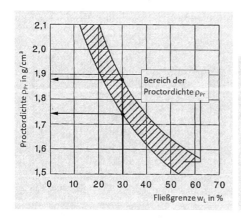
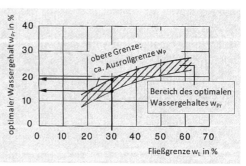

Abb. E-31: Ermittlung von Proctordichte (li) und optimaler Wassergehalt (re) für feinkörnige Böden in Abhängigkeit von der Fließgrenze (überschlägig), verändert nach [3]

E-4.1.3   Modifizierter Proctorversuch

Mit dem modifizierten Proctorversuch wird berücksichtigt, dass in der Baupraxis auch schwerere Verdichtungsgeräte zum Einsatz kommen können, mit denen eine entsprechend größere Verdichtungsarbeit in den Boden eingebracht wird.

Die für diesen Fall genormte, spezifische Verdichtungsarbeit für den Proctorversuch, welche W = 2,75 MN·m/m³ beträgt, wird durch eine größere Gewichtskraft (45 N) und eine größere Fallhöhe des Proctorhammers (45 cm) realisiert. Unabhängig von der größeren Verdichtungsarbeit stimmen gem. DIN 18127 sowohl Versuchsdurchführung als auch Auswertung des modifizierten Proctorversuches mit dem „einfachen" Proctorversuch überein.

Aus Abbildung E-32 geht eindeutig hervor, dass, wie eingangs erwähnt, die Trockendichte mit der Erhöhung der Verdichtungsarbeit grundsätzlich zunimmt. Auch der Luftporengehalt des verdichteten Bodens, zu erkennen als Abstand zwischen der Sättigungslinie und dem absteigendem Ast der Proctorkurve, wird durch die höhere Verdichtungsarbeit in größerem Maße reduziert.

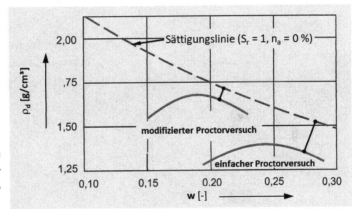

Abb. E-32: Vergleich einfacher und modifizierter Proctorversuch, verändert nach [9]

E-4.1.4   Verwendung

Eignungsprüfung

Der Boden muss nach Einbau und Verdichtung besondere Anforderungen in Bezug auf Festigkeit, Verformbarkeit und Durchlässigkeit erfüllen. Anhand der Proctordichte, die ein charakteristischer Bodenkennwert für die Verdichtbarkeit ist, lässt sich die Eignung des untersuchten Bodens als Baumaterial für zu planierende und/oder zu verdichtende Flächen sowie Hinterfüllungen beurteilen (Tab. E-09).

In der Eignungsprüfung werden ferner quantitative Kontrollparameter, wie z. B. Proctorkennwerte, Korngrößenverteilung und Verformungsmodule festgelegt, deren Einhaltung durch Eigenüberwachung und Kontrollprüfung nachzuweisen sind.

Tab. E-09: Eignung von Boden als Schüttmaterial in Abhängigkeit von der Proctordichte, nach [9]

Proctordichte in g/cm³	Eignung als Schüttmaterial
ρ_{Pr} > 2,0	gut
1,7 ≤ ρ_{Pr} ≤ 2,0	mittel
ρ_{Pr} < 1,7	schlecht

Einbau und Verdichtung

In Abhängigkeit von der Bodenart und den Verdichtungsanforderungen sind geeignete Verfahren für den Einbau und die Verdichtung des Bodens zu wählen. So werden z. B. bei bindigen Böden überwiegend knetende oder stampfende Verdichtungsgeräte eingesetzt. Nichtbindige Böden lassen sich mit rüttelnden Geräten/Maschinen verdichten.

Eigenüberwachung und Kontrollprüfungen (Qualitätskontrolle)

Durch die Eigenüberwachung weist die Erdbaufirma nach, dass die in der Eignungsprüfung in Form von quantitativen Kontrollparametern festgelegten Qualitätsvorgaben im Baufeld erreicht werden. Kontrollprüfungen erfolgen durch den Auftraggeber, wobei die Güte der eingebauten Materialien und der Verdichtungserfolg kontrolliert werden.

Die erzielte Verdichtung lässt sich zahlenmäßig durch den **Verdichtungsgrad D_{Pr}** (Gl. E37) ausdrücken und überprüfen. Dazu wird im Feld, z. B. aus einem verdichteten Planum oder einer Hinterfüllung, eine Probe entnommen, um die aktuelle Trockendichte ρ_d, welche in diesem Zusammenhang oft auch als Felddichte bezeichnet wird, zu bestimmen. Die aktuelle Trockendichte (Felddichte) der aus dem verdichteten Boden entnommenen Probe ist dann in Beziehung zu der Proctordichte zu setzen, die im Rahmen der Eignungsprüfung für diesen Boden im Labor ermittelt wurde.

$$D_{Pr} = \frac{\rho_d}{\rho_{Pr}} \cdot 100 \qquad [\%] \tag{E37}$$

mit:
D_{Pr}.. Verdichtungsgrad [-] oder [%]
ρ_d.. Trockendichte (Felddichte) nach DIN 18125-2 oder DIN EN ISO 17892 [g/cm³]
ρ_{Pr}.. Proctordichte nach DIN 18127 [g/cm³]

Die geforderte Verdichtung ist abhängig von der Baumaßnahme. Für die Hinterfüllung von Bauteilen werden z. B. Verdichtungsgrade von $D_{Pr} \geq 100$ % gefordert. Für das Planum von Dämmen und Einschnitten sind nach ZTV E-Stb [21] tiefenabhängig Verdichtungsgrade von $D_{Pr} = 97$ % bis 100 % einzuhalten. Verdichtungsgrade von $D_{Pr} > 100$ % lassen sich erzielen, wenn im Feld eine höhere Verdichtungsenergie zum Einsatz kommt als im Proctorversuch.

E-4.2 Zusammendrückbarkeit

Belastungen, die auf der Oberfläche oder im Inneren des Baugrunds wirken, führen zu Verschiebungen der einzelnen Bodenteilchen und damit zur Verformung des Bodens.

Werden Lasten über Fundamente in den Baugrund abgetragen, kann sich der Boden unterhalb des Fundamentes sowohl durch die Reibung zwischen Bodenpartikeln und Fundament als auch durch den umgebenden Boden nur begrenzt horizontal ausdehnen. Deshalb treten überwiegend vertikale Verformungen auf, welche auch als Zusammendrückung oder Kompression des Bodens bezeichnet werden.

Die Zusammendrückung beruht bei grobkörnigen Böden größtenteils auf der Verringerung des Porenraums, weil sich die Körner innerhalb der Einzelkornstruktur umlagern. Diese Umlagerung erfolgt durch die Rotations- und/oder Translationsbewegungen der Körner, weil die zufällig verteilten Kontaktpunkte der Bodenpartikel häufig nicht exakt in der Wirkungsrichtung der angreifenden Kräfte liegen (Abb. E-33). Im Vergleich zur Zusammendrückung infolge der Verringerung des Porenraums ist der Anteil der Zusammendrückung, welcher aus der Volumenänderung der Bodenkörner, also des Feststoffs resultiert, deutlich geringer.

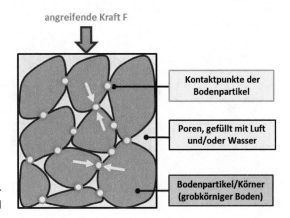

Abb. E-33: Einzelkornstruktur nicht-bindiger Böden mit Belastung und Kontaktpunkten

Bei der Bemessung von Bauwerken wird u. a. die Forderung gestellt, dass die vertikalen Verformungen des Baugrunds, die auch als Setzungen bezeichnet werden, so zu begrenzen sind, dass die Gebrauchstauglichkeit des Bauwerks erhalten bleibt. Die Gebrauchstauglichkeit eines Bauwerkes ist dann als gegeben anzusehen, wenn die Nutzung entsprechend seinem geplanten Zweck durch die sich einstellenden Verformungen nicht beeinträchtigt wird. Im Rahmen der Bemessung eines Bauwerks ist deshalb immer nachzuweisen, dass nicht nur gegenüber dem Grenzzustand der Tragfähigkeit (ULS), sondern auch gegenüber dem Grenzzustand der Gebrauchstauglichkeit (SLS) ausreichend Abstand vorhanden ist.

E-4.2.1   Verhalten des Bodens bei Zusammendrückung

Da die Bodeneigenschaften grundsätzlich durch die räumliche Struktur des Bodens, die Korngröße und die Kornform beeinflusst werden, ist es erforderlich, das Verhalten bei Zusammendrückung getrennt für Böden, die nichtbindig und bindig sind, zu betrachten. Der zeitliche Verlauf der Kompression hängt darüber hinaus maßgeblich von der Bodenkenngröße Wasserdurchlässigkeit (vgl. Kapitel E-4.4) ab. Das bedeutet, je geringer die Wasserdurchlässigkeit des Bodens ist, desto länger dauert der Vorgang der Kompression.

Nichtbindige Böden

Bei nichtbindigen Böden werden die Körner in der Einzelkornstruktur (vgl. Kap. E-1.1) sofort nach Belastungsbeginn verschoben und enger aneinandergedrückt, wodurch sich die Lagerungsdichte ändert. Das Porenwasser wird aufgrund der großen Wasserdurchlässigkeit schnell abgeführt, sodass die Kompression schnell, d. h. ohne Verzögerung abläuft. Der Endzustand, also das Ende der Kompression ist nach Bauwerksfertigstellung erreicht (Abb. E-34). Die Setzungen in nichtbindigen Böden sind eher klein.

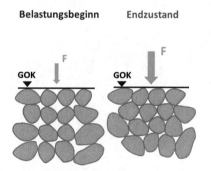

Belastungsbeginn   Endzustand

GOK   F   GOK   F

Was?
Kompression aufgrund der Umlagerung der Körner (Änderung Lagerungsdichte)

Beginn?
sofort nach Aufbringen der Belastung (Baubeginn = Belastungsbeginn)

Dauer:
Abschluss der Kompression direkt nach Fertigstellung = Endzustand

Abb. E-34: Kompressionsverhalten nichtbindiger Böden

Bindige Böden

Aufgrund der geringeren Größen der Bodenpartikel, die in Ketten- oder Flockenstrukturen angeordnet sind (vgl. Kap. E-1.1), weisen bindige Böden eine deutlich geringere Wasserdurchlässigkeit und oft einen höheren Wassergehalt als nichtbindige Böden auf. Das Porenwasser wird aufgrund der geringen Wasserdurchlässigkeit nur sehr langsam abgeführt, sodass die Kompression nach dem Belastungsbeginn mit Verzögerung abläuft. Deshalb dauern das Verschieben der Bodenpartikel und damit die Setzungen einige Zeit an. Die Kompression ist also erst lange nach Bauwerksfertigstellung abgeschlossen (Endzustand). Überdies sind die Setzungen in bindigen Böden, bedingt durch die instabilere Ketten- und Flockenstruktur, i. d. R. größer als in nichtbindigen Böden. In Abbildung E-35 ist das beschriebene zeitabhängige Kompressionsverhalten bindiger Böden schematisch dargestellt.

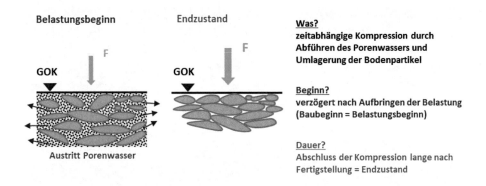

Abb. E-35: Kompressionsverhalten bindiger Böden

Beschreibung des Kompressionsverhaltens mit der Poissonzahl ν

Für elastisch isotropes Material (Hooke'sches Material) ergibt sich bei einaxialer Belastung σ_z eine Zusammendrückung, die als die bezogene Längsstauchung ε_z bezeichnet wird. Gleichzeitig dehnt sich das Material quer zur Belastungsrichtung aus, da es sich unbehindert verformen kann. Diese Ausdehnung wird als bezogene Querdehnung ε_y bzw. ε_x angegeben. In Abbildung E-36 ist eine Materialprobe dargestellt, die sich seitlich unbehindert ausdehnen kann. Das Verhältnis von bezogener Querdehnung ε_y bzw. ε_x zu bezogener Längsstauchung ε_z wird durch die Poissonzahl ν ausgedrückt (Gl. E38).

Der Elastizitätsmodul E, der auch als Youngscher Modul bezeichnet wird, beschreibt bei linear-elastischem Verhalten den proportionalen Zusammenhang zwischen Spannung σ_z und Längsstauchung ε_z eines festen Körpers (Gl. E39). Der Elastizitätsmodul E ist also die Proportionalitätskonstante im Hooke'schen Gesetz. Weitere Zusammenhänge, die sich zwischen bezogener Längsstauchung ε_z, bezogener Querdehnung ε_y bzw. ε_x, Poissonzahl ν und vertikaler Belastung σ_z sowie Elastizitätsmodul E ergeben, sind in Gleichung E40 zusammengestellt.

$$\nu = \frac{\varepsilon_y}{\varepsilon_z} = \frac{\varepsilon_x}{\varepsilon_z} \qquad [-] \qquad\qquad\qquad\qquad (E38)$$

$$\varepsilon_z = \frac{\sigma_z}{E} \qquad [-] \qquad\qquad\qquad\qquad\qquad (E39)$$

$$\varepsilon_y = \varepsilon_x = \nu \cdot \varepsilon_z = \nu \cdot \frac{\sigma_z}{E} \quad [-] \hspace{4cm} (E40)$$

mit:

σ_z..   einaxiale vertikale Belastung in z-Richtung [kN/m², MN/m²]

E..   Elastizitätsmodul (Youngscher Modul) [kN/m², MN/m²]

ν..   (nü) Poissonzahl [-]

ε_z..   bezogene Längsstauchung [-] gem. Abb. E-36

$\varepsilon_y, \varepsilon_x$.. bezogene Querdehnung [-] gem. Abb. E-36

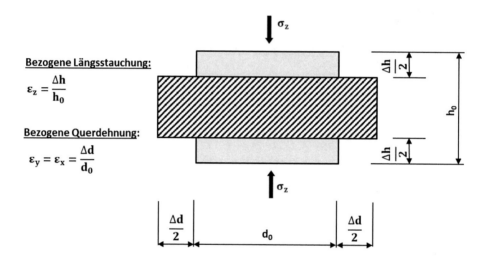

Bezogene Längsstauchung:

$$\varepsilon_z = \frac{\Delta h}{h_0}$$

Bezogene Querdehnung:

$$\varepsilon_y = \varepsilon_x = \frac{\Delta d}{d_0}$$

Abb. E-36: Bezogene Längsstauchung und Querdehnung an einer Materialprobe bei unbehinderter Verformung

Die Poissonzahl ist also ein Materialkennwert, welcher das Verformungsverhalten eines Materials maßgeblich beschreibt. Nach der Elastizitätstheorie kann die Poissonzahl Werte von maximal $\nu = 0,5$ (Flüssigkeiten) und von minimal $\nu = 0$ (querdehnungsfreies Material) annehmen.

Allerdings kann die Poissonzahl für Lockergesteine, also Böden nicht eindeutig bestimmt werden, da diese wegen der Phasenzusammensetzung kein linear-elastisches Verformungsverhalten aufweisen. Demzufolge ist die Poissonzahl von der Zusammensetzung der drei Bodenphasen Feststoff, Wasser und Luft abhängig. Ein für Lockergesteine häufig verwendeter mittlerer Wert für die Poissonzahl ist $\nu = 0,33$.

In Tabelle E-10 sind darüber hinaus Anhaltswerte für die Poissonzahlen einiger Lockergesteine und elastischer Materialien zusammengestellt.

Tab. E-10: Anhaltswerte für die Poissonzahl verschiedener Materialien, zusammengestellt aus [1, 3, 13]

Material	Poissonzahl ν [-]
Stahl	0,3
Beton	0,2
Sand	0,25 bis 0,35[*]
Kies (dicht gelagert)	0,4
Ton	0,35 bis 0,45[*]

[*] Angaben gelten für die Erstbelastung

E-4.2.2   Elasto-plastisches Materialverhalten

Die vertikale Verformung kann anhand von Spannungs-Verformungs-Kennlinien ermittelt werden. Für künstliche Baustoffe, wie z. B. Stahl oder Beton, gilt das Hooke'sche
Gesetz, da diese ein linear-elastisches Materialverhalten aufweisen und der Elastizitätsmodul E konstant ist. Im Gegensatz dazu kann das Materialverhalten natürlich ent-
standener Böden nicht mit dem Hooke'schen Gesetz beschrieben werden, da sich deren Verformungen sowohl aus elastischen als auch aus plastischen Anteilen zusam-
mensetzen (siehe Abb. E-41).

Während der eher geringe Anteil der elastischen Verformung aus der geringen Volumenänderung der Körner resultiert, verursacht die Verringerung des Porenraums
durch Umlagerung der Bodenpartikel den größeren Anteil der plastischen Verformungen. Aufgrund dieses sogenannten elasto-plastischen Materialverhaltens ist der Elastizitätsmodul von Boden nicht konstant, sondern von den wirkenden Spannungen abhängig. D. h., auch für ein und denselben Boden ist der E-Modul nicht konstant. Deshalb wird das Modul der Verformung von Boden nicht als Elastizitätsmodul E, sondern
als Steifemodul E_s bzw. gem. DIN EN ISO 17892-5 als Ödometermodul E_{oed} bezeichnet.

Ursächlich für dieses Verhalten ist wiederum die Zusammensetzung des Bodens aus
den drei Phasen Feststoff, Wasser und Luft. Unterschiedliche Phasenzusammensetzun-
gen führen dabei zu unterschiedlichen Reaktionen, wenn Spannungen in den Boden
eingetragen werden. Auch der zeitliche Ablauf der Verformung (Kompression) wird von
der Phasenzusammensetzung des Bodens beeinflusst.

E-4.2.3   Konzept der effektiven Spannungen und Konsolidation

Von einer in den Baugrund (Dreiphasengemisch) eingebrachten totalen Spannung σ
entfallen Spannungsanteile auf das Korngerüst sowie auf das Wasser und die Luft, welche die Poren ausfüllen. Die vom tragenden Korngerüst aufgenommenen Spannungen
werden als effektive Spannungen oder als Korn-zu-Korn-Spannungen σ' bezeichnet.
Die von Porenwasser und Porenluft aufgenommenen Spannungen werden unter dem
Begriff neutrale Spannungen zusammengefasst. Ist der Boden wassergesättigt, entfallen die Luftporenspannungen p_a. Die neutrale Spannung entspricht in diesem Fall allein
der Spannung im Porenwasser und damit dem Porenwasserdruck u.

Der Zusammenhang zwischen der von außen einwirkenden totalen Spannung und den vom Dreihasensystem Boden aufgenommenen Spannungen wurde mit dem **Konzept der effektiven Spannungen** von TERZAGHI beschrieben.

$$\sigma = \sigma' + u \qquad \left[\frac{kN}{m^2}\right] \tag{E41}$$

$$\sigma' = \sigma - u \qquad \left[\frac{kN}{m^2}\right] \tag{E42}$$

<u>mit:</u>

σ.. totale Spannung (von außen einwirkende Spannung) in kN/m^2

σ'.. effektive Spannung (Korn-zu-Korn-Spannung) in kN/m^2

u.. neutrale Spannung (bei Wassersättigung = Porenwasserdruck) in kN/m^2

In Abhängigkeit von der Wasserdurchlässigkeit verteilen sich die totalen Spannungen zeitlich unterschiedlich auf die effektiven und neutralen Spannungen. Für wassergesättigten Boden kann dieses zeitabhängige Last-Verformungs-Verhalten mit Hilfe eines einfachen Modells, des sog. Federtopfmodells (Abb. E-37) veranschaulicht werden. In diesem Modell symbolisieren die Federn das Korngerüst, das Wasser dazwischen das Porenwasser. Über das Ventil in der Abdeckung lässt sich der Federtopf gezielt entwässern. Wird auf das Modell eine Spannung von außen (totale Spannung σ) bei geschlossenem Ventil aufgebracht, kann zu diesem Zeitpunkt, der den Belastungsbeginn kennzeichnet, vorerst nur das Wasser diese Spannung aufnehmen. Ursache dafür ist, dass sich die Federn wegen der fehlenden Entwässerungsmöglichkeit nicht verformen und dadurch keine Spannung aufnehmen können.

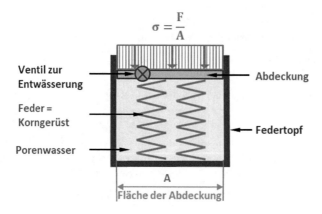

Abb. E-37: Federtopfmodell

Die totale Spannung, die nur vom Porenwasser aufgenommen wird, entspricht zum Zeitpunkt des Belastungsbeginns, der auch als Anfangszustand bezeichnet wird, demzufolge ausschließlich dem Porenwasserdruck bzw. der neutralen Spannung ($\sigma = u$).

Wird das Ventil geöffnet, sodass eine Entwässerung möglich ist, verformen sich die Federn in dem Maße, in dem das Porenwasser über das geöffnete Ventil abfließt. In diesem Zustand wird daher die totale Spannung sowohl von den Federn (Korngerüst) als auch vom Porenwasser aufgenommen ($\sigma = \sigma' + u$).

Ist das Porenwasser nach einiger Zeit vollständig abgeflossen, sind die Federn maximal zusammengedrückt. Das bedeutet, dass sich die totalen Spannungen vollständig auf die Federn (das Korngerüst) umgelagert haben. Die totale Spannung entspricht in diesem sog. Endzustand der effektiven Spannung ($\sigma = \sigma'$).

Steht die Zusammendrückung des Bodens in Verbindung mit dem zeitabhängigen Auspressen von Porenwasser, so wird dieser Vorgang als **Konsolidation oder Konsolidierung** bezeichnet. Ist der Boden zu Beginn der Belastung, im Anfangszustand ($t = 0$) nicht entwässert ($\sigma = u$), wird er als unkonsolidiert bezeichnet. Mit voranschreitender Zeit ($t > 0$) ist der Boden zum Teil entwässert und damit teilkonsolidiert ($\sigma = \sigma' + u$). Nach vollständigem Abschluss der Entwässerung ($t = \infty$), also im Endzustand, spricht man von konsolidiertem Boden ($\sigma = \sigma'$).

In dem Modell in Abbildung E-38 ist eine Bodenschicht aus wassergesättigtem bindigen Boden, die belastet wird und nach oben und unten entwässern kann, dargestellt. Mit diesem Modell ist es im Gegensatz zum Federtopfmodell möglich, die Veränderung der Porenwasserdrücke über die Tiefe, an den Stellen 1 bis 5, und im Laufe der Zeit für Anfangszustand ($t = 0$), Zwischenzustände ($t_1 > 0$, $t_2 > t_1$) und Endzustand ($t = \infty$) zu visualisieren.

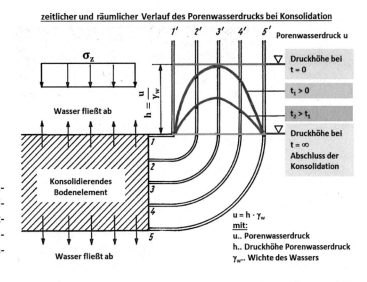

Abb. E-38: Konsolidation eines feinkörnigen und wassergesättigten Bodenelementes am Modell, verändert nach [13]

E-4.2.4   Ödometerversuch

Wie eingangs bereits erwähnt, sind die Setzungen von Bauwerken so zu begrenzen, dass diese gebrauchstauglich bleiben. Für den Nachweis der Gebrauchstauglichkeit müssen also die zu erwartenden Setzungen ermittelt werden.

Die Kennwerte des Bodens, welche für eine Setzungsberechnung erforderlich sind, werden mit der Untersuchung der Zusammendrückbarkeit im bodenmechanischen Labor bestimmt. Diese Bodenkennwerte werden in der Regel mit dem Ödometerversuch nach DIN EN ISO 17892-5 bestimmt. Ursprünglich wurde dieser Versuch von TERZAGHI in die Bodenmechanik eingeführt.

Versuchsdurchführung

Im Ödometer (Abb. E-39) wird eine zylindrische Bodenprobe in einen starren Metallring (Durchmesser D $\geq$ 35 mm, Höhe H $\geq$ 12 mm, Verhältnis D/H $\geq$ 2,5) eingebaut, wodurch eine seitliche Ausdehnung, anders als in natura, nicht möglich ist. Der Ring kann dabei schwebend oder nicht schwebend eingebaut werden. Schwebend ist ein Ring, der nicht auf dem unteren Sockel aufsteht.

Damit die Probe insbesondere bei sehr langen Versuchsdauern nicht austrocknet, wird der Versuchsbehälter mit Wasser gefüllt. Damit die Probe ungehindert drainieren kann, sind ober- und unterhalb der im Metallring eingebauten Probe Filtersteine angeordnet.

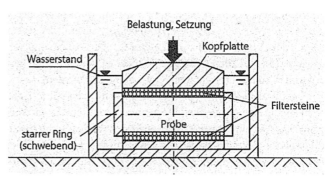

Abb. E-39:
Ödometerversuch [16]

Die Probe wird axial über eine starre Kopfplatte (Abb. E-39) mit unterschiedlichen Laststufen be- und entlastet (Abb. E-40). Beim Entlasten geht ein geringer Teil der Verformung, nämlich der Anteil der elastischen Verformung wieder zurück. Dieser Vorgang wird auch als Schwellung bezeichnet.

Die Höhe der aufzubringenden Laststufen orientiert sich an der vertikalen Belastung, welche über das geplante Bauwerk in den Boden abgetragen werden soll. Die in der höchsten Laststufe aufzubringende Vertikalspannung sollte dabei die zu erwartende Maximalbelastung des Bauwerks nicht unterschreiten. Demnach wird mit der stufenweisen Belastung der Probe die abschnittsweise Herstellung eines Bauwerks simuliert.

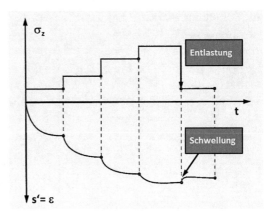

Abb. E-40: Ödometerversuch: stufenweise Be- und Entlastung mit σ_z sowie zeitabhängige, bezogene Setzung (s' = ϵ), verändert nach [3]

Die eintretende Höhenänderung (Δh), also die Setzung der Probe wird über eine Messuhr ermittelt. Die Probe wird mit einer Laststufe so lange beaufschlagt, bis sich die Probe nicht mehr setzt (Δs'$\approx$0), d. h., die Konsolidation abgeschlossen ist (Abb. E-40).

Vor Versuchsbeginn wird der Einbauwassergehalt, nach Versuchsende der Ausbauwassergehalt der Probe bestimmt. Mit Hilfe des Probenvolumens kann so auf die jeweilige Trockendichte geschlossen werden, die mit der Korndichte wiederum die Ermittlung von Porenanteil n oder Porenzahl e zulässt.

Während des Ödometerversuches sind die Messwerte der aufgebrachten Vertikalspannung (σ_z = F/A), der Probensetzung Δh und der Zeit t bis zum Erreichen der Endsetzung (Konsolidation) zu registrieren.

Auswertung

Druck-Setzungs-Linie

Hier wird die vertikale Druckspannung σ_z über die bezogene Setzung s' (Gl. E43) aufgetragen, welche die Höhenänderung Δh auf die Ausgangshöhe der Probe h_0 bezieht (Abb. E-41). Alternativ ist die Angabe der Vertikalverformung als Dehnung $\epsilon_{v,f}$ möglich.

$$s' = \frac{\Delta h}{h_0} \quad [-] \quad \text{oder} \quad \epsilon_{v,f} = \frac{\Delta h}{h_0} \cdot 100\,\% \quad [\%] \quad\quad (E43)$$

mit:

s'.. bezogene Setzung [-]

$\epsilon_{v,f}$.. Vertikalverformung als Dehnung [%]

Δh.. Höhenänderung der Probe [m]

h_0.. Ausgangshöhe der Probe [m]

Aus Abbildung E-41 wird ersichtlich, dass die Druck-Setzungs-Linie (DSL) aufgrund
des elasto-plastischen Materialverhaltens von Lockergesteinen nicht linear verläuft. Darüber hinaus gehen
die Verformungen bei Ent-
lastung nicht auf den Aus-
gangswert zurück, weil der
plastische Anteil der Verformung bestehen bleibt.

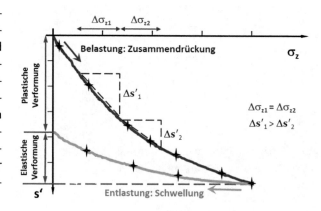

Abb. E-41: Druck-Setzungs-Linie für behinderte Seitendehnung aus Ödometerversuch (Achsen linear skaliert)

Ist der Boden, wie im Ödometerversuch, in seiner Seitendehnung vollständig behindert, nimmt der Zuwachs der bezogenen Setzungen mit steigender Spannung ab, da
die vorhergehende Belastung den Boden verdichtet. Die bezogenen Setzungsdifferen-
zen ($\Delta s'$) werden bei gleichen Spannungsdifferenzen ($\Delta \sigma_z$) immer geringer.

Dass sich der Boden unterhalb von Fundamenten aufgrund des umgebenden Boden
jedoch begrenzt seitlich ausdehnen kann, wird also mit dem Ödometerversuch nicht
erfasst.

Wird vergleichend der an-
dere theoretische Fall, dass
sich der Boden seitlich unbehindert ausdehnen kann,
betrachtet, würden die Abweichungen der bezogenen
Setzungen ($\Delta s'$) mit größer
werdenden Spannungen an-
steigen (Abb. E-42)

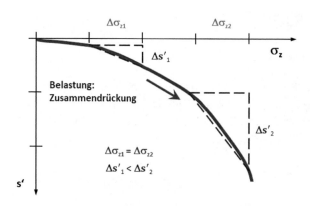

Abb. E-42: Druck-Setzungs-Linie für unbehinderte Seitendehnung (Achsen linear skaliert)

Aus der Druck-Setzungs-Linie des Ödometerversuches ist der Ödometermodul E_{oed}
(Gl. E44), der früher als Steifemodul E_s bezeichnet wurde, als Kennwert für Setzungs-

berechnungen zu ermitteln. Aufgrund des nichtlinearen Verlaufes der Druck-Setzungs-Linie ist dieser Kennwert, wie bereits erwähnt, nicht konstant, sondern von der Spannung abhängig.

Der **Ödometermodul E_{oed}** ist mathematisch als Sekantenmodul der Druck-Setzungs-Linie definiert. Demzufolge wird der gekrümmte Verlauf der Druck-Setzungs-Linie zwischen zwei Spannungswerten (σ_{z1}, σ_{z2}) durch eine geradlinige Verbindung, die Sekante angenähert. Durch den Ödometermodul E_{oed} wird der Anstieg der Sekante im betrachteten Spannungsbereich ($\Delta\sigma_z$) definiert (Abb. E-43).

$$E_{oed} = \tan \alpha = \frac{\Delta\sigma_z}{\Delta s'} \qquad \left[\frac{MN}{m^2}\right] \qquad\qquad (E44)$$

mit:

E_{oed} .. Ödometermodul in MN/m²
$\tan \alpha$.. Tangens des Sekantenwinkels (Anstieg der Sekante)
$\Delta\sigma_z$.. Spannungsdifferenz in MN/m²
$\Delta s'$ .. Differenz der zugehörigen bezogenen Setzungen [-]

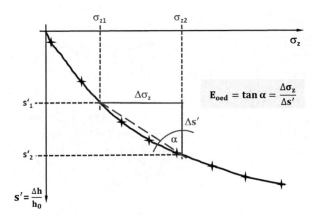

Abb. E-43: Ermittlung Ödometermodul aus Druck-Setzungs-Linie für behinderte Seitendehnung im Ödometerversuch

Zusammenfassend lässt sich feststellen, dass der Zuwachs der bezogenen Setzungen beim Versuch mit behinderter Seitendehnung (Ödometerversuch) mit zunehmender Spannung immer kleiner wird (Abb. E- 41/43), der Ödometermodul (Steifemodul) dementsprechend zunimmt.

Im Gegensatz dazu würde der Steifemodul für einen Boden, der sich theoretisch seitlich unbehindert ausdehnen könnte, mit zunehmender Spannung kleiner. Die Ursache dafür ist der sich einstellenden Zuwachs der bezogenen Setzungen (Abb. E-42).

Zeit-Setzungs-Linie

Bei bindigen Böden ist es sinnvoll, für jede Laststufe den **Grad der Konsolidierung U_K** (Gl. E45) über die Zeit t als Zeit-Setzungs-Linie aufzutragen (ZSL). Der Konsolidierungs-grad U_k bezieht die Höhenänderung Δh zum Zeitpunkt t auf die Endgröße der Höhen-änderung Δh der Probe zum Zeitpunkt $t = \infty$, welcher den Abschluss der Konsolidierung kennzeichnet.

$$U_K = \frac{\Delta h_{(t=t)}}{\Delta h_{(t=\infty)}} \cdot 100 \qquad [\%] \tag{E45}$$

mit:

U_k ..   Konsolidierungsgrad [%]

$\Delta h_{(t=t)}$ .. Höhenänderung (Setzung) der Probe zum Zeitpunkt t in mm

$\Delta h_{(t=\infty)}$ .. Endgröße der Höhenänderung (Setzung) zum Zeitpunkt $t = \infty$ (Abschluss der Konsolidierung) in mm

Da die Konsolidation bindiger Böden sehr lange andauern kann (vgl. Kap. E-4.2.1), wird die Zeitachse im logarithmischen Maßstab aufgetragen (Abb. E-44). Hinsichtlich der Zeitsetzung eines bindigen Bodens lassen sich darüber hinaus diese drei Bereiche iden-tifizieren.

⇨ Sofortsetzung (Initialsetzung):

　　Das ist der Teil der Setzung, der geräte- oder versuchsabhängig direkt nach der Lastaufbringung eintritt und nicht durch die Konsolidierungstheorie beschrie-ben wird. Wie aus Abbildung E-44 hervorgeht, kann der Verlauf der Sofortset-zung mit dem Ödometerversuch nicht erfasst werden.

⇨ Primärsetzung (Konsolidationssetzung):

　　Hierbei handelt es sich um den Hauptteil der zeitabhängigen Setzung, welcher durch die Konsolidierung, also dem zeitabhängigen Auspressen des Porenwas-sers bei Belastung, bedingt ist und mit dem Ödometerversuch ermittelt werden kann.

⇨ Sekundärsetzung (Kriechsetzung):

　　Einige Böden setzen sich nach Abschluss der Konsolidation weiter, obwohl die Belastung konstant bleibt (Kriechen). Die resultierenden Setzungen werden des-halb auch als Kriechsetzungen bezeichnet. Bindige Böden mit hoher Plastizität und Torfe zeigen beispielsweise ein ausgeprägtes Kriechverhalten.

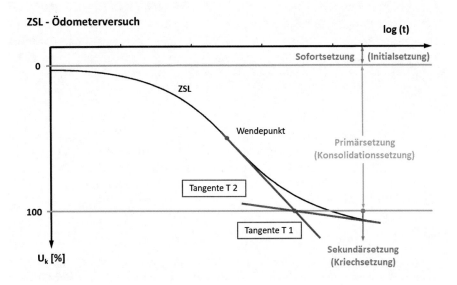

Abb. E-44: Zeit-Setzungs-Linie (ZSL) für eine Laststufe (Prinzip der Auswertung)

Das Ende der Konsolidationssetzung, welches definitionsgemäß durch den Konsolidierungsgrad von $U_K = 100\%$ beschrieben wird, findet man bei Bodenarten, in denen Kriechsetzungen auftreten, durch das Anlegen von zwei Tangenten an die Zeit-Setzungs-Linie (Abb. E-44). Tangente T 1 wird durch den Wendepunkt der Kurve (ZSL), Tangente T 2 an den auslaufenden Ast der ZSL gelegt. Verbindet man den Schnittpunkt beider Tangenten mit der Ordinate (U_K), lässt sich das Ende der Konsolidation ablesen, wodurch sich Primär- und Sekundärsetzung voneinander abgrenzen lassen. Durch Verlängerung des Tangentenschnittpunktes auf die Abszisse (log t) der ZSL kann die Zeit t ermittelt werden, nach der die Konsolidationssetzung abgeschlossen bzw. der Konsolidierungsgrad $U_K = 100\%$ erreicht ist.

Bei Böden, die nicht zum Kriechen neigen, ist das Ende der Konsolidationssetzung gut am Übergang der Kurve in den horizontalen Verlauf zu erkennen. Um die für die Konsolidationssetzung benötigte Zeit t ablesen zu können, ist die ZSL ist mit dem Konsolidierungsgrad $U_K = 100\%$ zu verschneiden und der Schnittpunkt bis zur Abszisse (log t) zu verlängern.

E-4.2.5 Verwendung der Ergebnisse des Ödometerversuches

Überblick

Der Ödometerversuch wird durchgeführt, um das Setzungsverhalten des Baugrunds bei potentieller Belastung durch das Bauwerk zu modellieren und notwendige Berechnungskennwerte (E_{oed}) ermitteln zu können.

Die im Versuch gewonnenen Erkenntnisse zum Setzungsverhalten können über Modellgesetze auf den Baugrund im Bereich des Bauwerks übertragen werden. So können sie für eine erste Prognose von Setzungen im Rahmen des Nachweises des Grenzzustands der Gebrauchstauglichkeit verwendet werden. Ferner ist es möglich, den Ödometermodul mit der Poissonzahl in den Elastizitätsmodul nach HOOK umzurechnen.

Ödometermodul

Der spannungsabhängige Ödometermodul E_{oed} (früher Steifemodul Es), welcher aus der Druck-Setzungslinie für behinderte Seitendehnung ermittelt werden kann, ist ein zentraler Kennwert, welcher für Setzungsberechnungen benötigt wird. Der Ödometermodul ist in diesem Zusammenhang nach DIN 4019 für die Festlegung des sogenannten Rechenmoduls E* mit Erfahrungen zu vergleichen und ggf. zu modifizieren.

Modellgesetz „Endsetzung"

Bezüglich der Größe der Endsetzung gilt das einfache Prinzip, dass sich die Setzungen jeweils wie die Ausgangshöhe der Laborprobe bzw. die Schichtdicke des Bodens im untersuchten Baugrund verhalten. Mit der entsprechenden Modellformel (Gl. E46) können also die im Versuch (Index 1) bestimmten Endsetzungen, bezogen auf die Ausgangshöhe der untersuchten Proben, auf die tatsächlichen Baugrundverhältnisse im potentiellen Gründungsbereich des Bauwerkes (Natur = Index 2) umgerechnet werden.

Das Verhältnis der Höhenänderung (Δh_1), bezogen auf die Ausgangshöhe (h_1) oder die bezogene Setzung s_1' der im Ödometerversuch untersuchten Probe ist danach gleich dem Verhältnis der Höhenänderung (Δh_2), bezogen auf die Ausgangshöhe (h_2), oder der bezogenen Setzung s_2' der beprobten Bodenschicht aus dem Gründungsbereich.

$$s_1' = s_2' \qquad \rightarrow \qquad \frac{\Delta h_1}{h_1} = \frac{\Delta h_2}{h_2} \tag{E46}$$

mit:

s_1'.. bezogene Setzung der Bodenprobe im Versuch ($\Delta h_1/ h_1$)
s_2'.. bezogene Setzung der Bodenprobe im potentiellen Gründungsbereich ($\Delta h_2/ h_2$)
Δh_1.. Höhenänderung (Setzung) der Bodenprobe im Versuch
h_1.. Ausgangshöhe der Bodenprobe im Versuch
Δh_2.. Höhenänderung (Setzung) der Bodenschicht im potentiellen Gründungsbereich
h_2.. Ausgangshöhe der Bodenschicht im potentiellen Gründungsbereich

Modellgesetz „Zeitsetzung"

Bezüglich der Zeitsetzung wird modellhaft angenommen, dass sich die Konsolidationszeiten wie die Quadrate der entsprechenden Ausgangshöhe der Laborproben bzw. der

Ausgangshöhe der Bodenschicht im Baugrund verhalten. Mit diesem Modellgesetz (Gl. E47) können die im Versuch (Index 1) ermittelten Konsolidationszeiten auf die Verhältnisse im Baugrund (Natur = Index 2) übertragen werden.

Vorausgesetzt, der Boden kann nach oben und unten (zweiseitig) entwässern, ist das Verhältnis der Konsolidationszeit z. B. im Ödometerversuch (t_1) zur Konsolidationszeit in der Natur (t_2) gleich dem Verhältnis des Quadrates der Ausgangshöhe der Versuchsprobe (h_1^2) zum Quadrat der Ausgangshöhe der Bodenschicht (h_2^2) im Baugrund des geplanten Bauwerks.

Kann der Boden aufgrund von baulichen oder natürlichen Randbedingungen nur einseitig entwässern, ist die Ausgangshöhe der Bodenschicht im betrachteten Gründungsbereich zu verdoppeln, also mit $(h_2)^2 = (2 \cdot h_2)^2$ im Modellgesetz zu berücksichtigen.

$$\frac{t_1}{t_2} = \frac{h_1^{\,2}}{h_2^{\,2}} \tag{E47}$$

mit:

t_1.. Konsolidationszeit der Bodenprobe im Versuch

h_1.. Ausgangshöhe der Bodenprobe im Versuch

t_2.. Konsolidationszeit der Bodenschicht im potentiellen Gründungsbereich

h_2.. Ausgangshöhe der Bodenschicht im potentiellen Gründungsbereich bei zweiseitiger Entwässerung, bei einseitiger Entwässerung ist $h_2 = 2 \cdot h_2$ einzusetzen

Elastizitätsmodul E (Youngscher Modul)

Bei Bedarf besteht die Möglichkeit, den Ödometermodul, der aus dem Ödometerversuch mit behinderter Seitendehnung ermittelt wurde, in den Elastizitätsmodul E nach HOOKE bzw. den Youngschen Modul umzurechnen, der sich theoretisch für unbehinderte Seitendehnung des Bodens ergeben würde. Dabei ist die Poissonzahl ν für die entsprechende Bodenart (vgl. Kapitel E-4.2.1) zu berücksichtigen.

$$E = \frac{(1 + \nu) \cdot (1 - 2 \cdot \nu)}{1 - \nu} \cdot E_{oed} = \frac{1 - \nu - 2 \cdot \nu^2}{1 - \nu} \cdot E_{oed} \qquad \left[\frac{MN}{m^2}\right] \tag{E48}$$

mit:

E.. Elastizitätsmodul des Bodens [MN/m²]

E_{oed}.. Ödometermodul [MN/m²]

ν.. Poissonzahl (vgl. Tab. E-10)

E-4.3   Scherfestigkeit

Beim Aushub einer Baugrube entstehen geböschte oder senkrechte Baugrubenwände. Wie hoch eine senkrechte oder eine geböschte Baugrubenwand sein kann, ohne dass man diese absichern muss, hängt von der Bodenart ab. Bei trockenem Sand ist diese Höhe am geringsten, bei nicht wassergesättigtem, stark bindigem Boden am größten.

Die Ursache dafür, dass Böschungen mit verschiedenen Neigungen und Höhen standsicher ausgeführt werden können, ist die Festigkeit des Bodens. Wird diese überschritten, versagt die Böschung, d. h., sie ist nicht mehr tragfähig. Der eintretende Versagensmechanismus, das Abrutschen eines Böschungsbereiches bzw. Gleitkörpers wird als Böschungsbruch bezeichnet. Bei diesem wird in ebenen oder gekrümmten Gleitflächen, die auch als Gleitfugen, Scherflächen oder Scherfugen bezeichnet werden, die Festigkeit des Bodens überschritten (Abb. E-45).

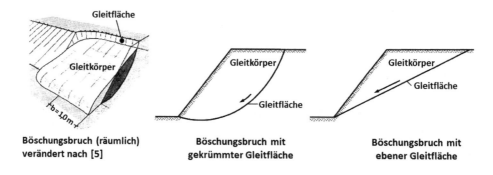

Böschungsbruch (räumlich)   Böschungsbruch mit   Böschungsbruch mit
verändert nach [5]   gekrümmter Gleitfläche   ebener Gleitfläche

Abb. E-45: Böschungsbruch – Versagensmechanismus bei Überschreitung der Scherfestigkeit des Bodens

Anders als künstlich hergestellte Baustoffe, wie z. B. Stahl, reagieren die natürlich entstandenen Lockergesteine als Dreiphasensysteme, welche aus einem Korngerüst und wasser- und/oder luftgefüllten Poren bestehen, auf Zug- und Scherbeanspruchungen recht sensibel, wohingegen Druckbeanspruchungen relativ gut aufgenommen werden können. Wie empfindlich ein Boden auf eine einwirkende Scherbeanspruchung reagiert, hängt direkt von seiner Materialfestigkeit, welche in der Geotechnik als Scherfestigkeit bezeichnet wird, ab.

Wächst die Beanspruchung durch Scherspannungen stetig oder plötzlich an, ist der Boden ab einem bestimmten Punkt nicht mehr in der Lage, diese Beanspruchung aufzunehmen. Das bedeutet, es tritt der Zustand ein, bei dem die Scherfestigkeit des Bodens kleiner als die Scherbeanspruchung ist. Dadurch kann es zu verschiedenen Bruchzuständen im Boden kommen, die auch als Grenzzustände der Tragfähigkeit bezeichnet werden und welche durch unterschiedliche Versagensmechanismen gekennzeichnet sein können. Neben dem bereits erwähnten Böschungsbruch sind dabei weitere Versagensmechanismen wie z. B. Gleiten, Grundbruch und Geländebruch zu unterscheiden. Alle genannten Grenzzustände haben gemeinsam, dass sich die Bruchflächen in den Bereichen ausbilden, in denen die Scherfestigkeit des Bodens durch die Beanspruchung überschritten ist.

Um die genannten Versagensmechanismen zu verhindern, muss der Grenzzustand der Tragfähigkeit nachgewiesen werden. Dazu ist mittels eines Bruchkriteriums die Beanspruchung zu ermitteln und zu prüfen, ob diese größer als der Widerstand des Bodens ist und damit ggf. zum Versagen des Bodens führt. Ergibt sich ein mögliches Versagen, sind die Randbedingungen hinsichtlich Baugrund/Bauwerk entsprechend anzupassen.

E-4.3.1 Mohr-Coulomb'sches-Bruchkriterium

In Abbildung E-46 ist zur allgemeinen Visualisierung der Scherkraft ein Körper auf einer starren Unterlage mit den in der Kontakt- bzw. Scherfläche angreifenden Kräften dargestellt. Darüber hinaus wird der Bezug zu den in der Kontaktfläche zwischen den Bodenkörnern wirkenden Kräfte hergestellt. Die tangentiale Kraft T, die auch als Schub- oder Scherkraft bezeichnet wird, kann u. U. dazu führen, dass der Körper auf der Scherfläche verschoben wird. Die Normalkraft N presst den Körper auf die starre Unterlage. Beide Kräfte sind nach COULOMB proportional, d. h., je größer die Normalkraft N, desto größer die tangentiale Kraft bzw. die Scherkraft T. Der Winkel, welcher von der Resultierenden Kraft Q und der Normalkraft N eingeschlossen ist, wird allgemein als Reibungswinkel δ und speziell als Reibungswinkel φ in der Kontakt- bzw. Scherfläche zwischen zwei Körpern bezeichnet. Ein Körper wird auf einer festen Auflage genau dann nicht verschoben, wenn der Reibungswiderstand R größer oder gleich der Scherkraft T ist, also wenn gilt:

$$T \leq R \quad \text{bzw.} \quad \text{mit } R = N \cdot \tan\varphi \quad \rightarrow \quad T \leq N \cdot \tan\varphi \qquad (E49)$$

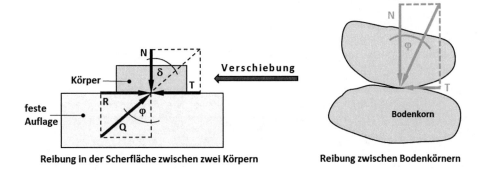

Reibung in der Scherfläche zwischen zwei Körpern Reibung zwischen Bodenkörnern

Abb. E-46: Kräfte in einer Kontakt- bzw. Scherfläche und Reibungswinkel φ

Aus Tangential- und Normalkraft ergeben sich, bezogen auf die Scherfläche A, die Scherspannung τ und die Normalspannung σ (Gl. E-50). Führt die Scherspannung zu großen Verschiebungen und damit zum Bruch (failure), wird diese als Bruchscherspannung oder Bruchscherfestigkeit τ_f bezeichnet.

$$\sigma = \frac{N}{A} \qquad\qquad\qquad\qquad\qquad\qquad\qquad\qquad\qquad\qquad \text{(E50)}$$

$$\tau_f = \frac{T}{A} \qquad \text{mit } T = N \cdot \tan\varphi \ \ (\text{vgl. Gl. E49}) \qquad \rightarrow \qquad \tau_f = \sigma \cdot \tan\varphi \qquad \text{(E51)}$$

Dieser Reibungsansatz von COULOMB (Gl. E51) berücksichtigt mit $\tau_f = \sigma \cdot \tan\varphi$ allerdings die Haftkräfte nicht, welche dazu führen, dass die Teilchen bindiger Bodenarten auch bei fehlender Normalspannung aneinanderhaften. Die Scherspannung dieser Böden ist demnach nicht nur von der Normalspannung, sondern auch von der Haftfestigkeit bzw. der Kohäsion abhängig. Aufgrund dessen wurde dieser Reibungsansatz, welcher als COULOMB'sche Bruchbedingung bezeichnet wird, von MOHR entsprechend ergänzt (Gl. E52). Mit der Erweiterung ergibt sich schließlich das **Mohr-Coulomb'sche-Bruchkriterium** in der allgemeinen Form.

$$\tau_f = \sigma \cdot \tan\varphi + c \quad \left[\frac{kN}{m^2}\right] \qquad\qquad\qquad\qquad\qquad \text{(E52)}$$

mit:

τ_f.. Bruchscherspannung (Bruchscherfestigkeit) in der Scherfläche A [kN/m²]
σ.. Normalspannung in der Scherfläche A [kN/m²]
φ.. Reibungswinkel [°]
c.. Kohäsion [kN/m²]

Das Mohr-Coulomb'sche-Bruchkriterium bildet also den Zusammenhang zwischen der Bruchscherspannung τ_f, der Normalspannung σ, dem Reibungswinkel φ und dem Kohäsionsanteil c ab. Die Bruchscherfestigkeit τ_f bindiger Böden ist aus Reibungsfestigkeit und Haftfestigkeit bzw. Kohäsionsanteil c zusammengesetzt. Die **Reibungsfestigkeit ($\sigma \cdot \tan\varphi$)** ist dabei abhängig von der Größe der Normalspannungen an den Kontaktpunkten der Bodenkörner. Die Haftfestigkeit bzw. der **Kohäsionsanteil c** trägt auch dann zur Scherfestigkeit bei, wenn keine Normalspannung σ wirkt.

Merke (!):
Nur bindige Böden weisen einen Kohäsionsanteil c auf.

E-4.3.2   Scherparameter Reibungswinkel und Kohäsion

Reibungswinkel

Mit tan φ', dem Faktor des Reibungsanteils wird die Rauigkeit die Scherfläche erfasst. Der Reibungswinkel beschreibt dabei den Winkel der inneren Reibung (Abb. E-46). Dieser lässt sich z. B. anhand eines trockenen, nichtbindigen Bodens visualisieren. Würde man diesen locker als Kegel aufschütten, würde der sich einstellende Böschungswinkel dem Reibungswinkel entsprechen.

Der Reibungswinkel ist von der Kornform, der Kornrauigkeit und dem Stoffzustand abhängig. Weiterhin ist zu beachten, dass sich die verzahnten Bodenkörner in der entstehenden Bruch- bzw. Scherfläche durch die mechanische Beanspruchung umlagern.

Kohäsion bindiger Böden

Bindige Böden haben i. d. R. einen geringeren Reibungswinkel als nichtbindige Böden. Doch, anders als bei nichtbindigen Böden, wirken bei bindigen Böden neben den Reibungskräften zusätzlich Haftkräfte, die auch als „echte" Kohäsion bezeichnet werden. In reinen Tonböden ist die Kohäsion häufig größer als die Reibungsfestigkeit.

Die Ergänzung „echt" wird oft verwendet, weil diese Kohäsion, anders als die scheinbare Kohäsion, auch in trockenem Zustand und unter Wasser vorhanden ist. Wie bereits erwähnt, bewirkt die Kohäsion, dass bei bindigen Böden auch bei fehlender Normalspannung eine Scherfestigkeit vorhanden ist.

Die „echte" Kohäsion basiert auf der Wirkung von Oberflächenkräften, konkret auf der Anziehungskraft der hygroskopischen Wasserhüllen (vgl. Kapitel C-4), welche aufgrund von Saug- bzw. Zugspannungen die feinsten Bodenteilchen, die sog. Bodenkolloide des Tons umgeben und zusammenhalten. Die Größe der Kohäsion eines bindigen Bodens ist damit direkt abhängig von dem Anteil und der Art der Tonminerale.

Gegebenenfalls wird die Kohäsion auch durch die Vorbelastung, die der Boden in Form einer früheren geologischen Belastung, z. B. durch Gletscher erfahren hat, beeinflusst.

Mit zunehmendem Wassergehalt wächst der Abstand zwischen den Bodenkolloiden des Tons (Tonplättchen), wodurch die Anziehungskräfte der hygroskopischen Wasserhüllen und damit die Kohäsion abnehmen. Ein bindiger Boden mit einer breiigen Konsistenz hat also eine geringere Kohäsion (nahe Null) als ein Boden mit einer steifen Konsistenz.

Scheinbare Kohäsion („Kapillarkohäsion")

Nichtbindige Böden weisen bei einem bestimmten Wassergehalt eine zusätzliche Reibungsfestigkeit auf, welche als „scheinbare" Kohäsion bezeichnet wird. Diese beruht auf der Kapillarwirkung des Wassers (vgl. Kapitel E-4.4.7), welches sich in den Poren eines ungesättigten nichtbindigen Bodens mit geringen Korngrößen befindet.

Durch die resultierenden Kapillarspannungen werden die einzelnen Bodenkörner zusätzlich aneinandergedrückt.

Weil Kapillarspannungen jedoch bei Austrocknung und völliger Wassersättigung des Bodens nicht mehr wirksam sind, die Kohäsion also verschwindet, wird die Ergänzung „scheinbar" verwendet. Aus diesem Grund darf die scheinbare Kohäsion niemals im Rahmen der Bemessung von Bauwerken angesetzt werden. Bautechnisch hingegen kann sie beispielsweise bei der Ausführung von Erdbauwerken sinnvoll berücksichtigt werden.

E-4.3.3　Verhalten des Bodens bei Scherbeanspruchung – Mobilisierung der Scherfestigkeit

Die Scherfestigkeit eines Bodens wird also von der Art und Beschaffenheit der Bodenteilchen, der Struktur, dem Wassergehalt, dem Stoffzustand (Lagerungsdichte, Konsistenz) sowie ggf. von der, während seiner Genese erfahrenen, Vorbelastung beeinflusst.

Unter Scherfestigkeit versteht man die Fähigkeit eines Bodens, bei Scherspannungen nicht zu versagen, sodass keine charakteristischen Bruchzustände und Scherflächen gem. der Abbildung E-47 eintreten.

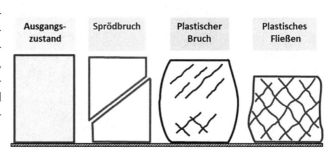

Abb. E-47: Charakteristische Bruchzustände und Scherflächen bei Scherbeanspruchung, in Anlehnung an [9]

Wird nicht nur die Scherfestigkeit, sondern das Verhalten des Bodens bei Schub- bzw. Scherbeanspruchung betrachtet, so ist festzustellen, dass dieses entscheidend durch den Stoffzustand geprägt wird.

So ist bei dicht gelagertem, nichtbindigen ebenso wie bei festem, bindigen Boden das Maximum der Scherfestigkeit τ_f vergleichsweise groß und tritt bereits nach geringer Verschiebung, also nach kurzem Scherweg Δl_f auf (Abb. E-48). Durch den eintretenden Bruchzustand lockert sich der Boden auf, der Porenraum wird damit größer.

Diese vom Stoffzustand abhängige Auflockerung wird als **Dilatanz** bezeichnet. Aus dem charakteristischen Verlauf der Scherspannungs-Scherweg-Kurve geht weiterhin hervor, dass der Scherwiderstand nach dem Bruch auf einen minimalen Wert, der auch als Gleitfestigkeit oder Restscherfestigkeit τ_r bezeichnet wird, absinkt.

Dem charakteristischen Verlauf der Scherspannungs-Scherweg-Kurve für locker gelagerten, nichtbindigen Boden bzw. weichen, bindigen Boden ist zu entnehmen, dass die Scherfestigkeit mit der Verschiebung bzw. dem Scherweg stetig bis zur Gleitfestigkeit oder Restscherfestigkeit τ_r zunimmt (Abb. E-48). Durch den Abschervorgang tritt bei diesen Böden also kein Bruchzustand, sondern eine Verdichtung ein.

Diese vom Stoffzustand abhängige Verdichtung heißt **Kontraktanz**. Hierbei steigt der Scherwiderstand nach größerer Verschiebung bzw. längerem Scherweg Δl_r bis zum Betrag der Restscherfestigkeit τ_r desselben Bodens mit dichter Lagerung bzw. fester Konsistenz an.

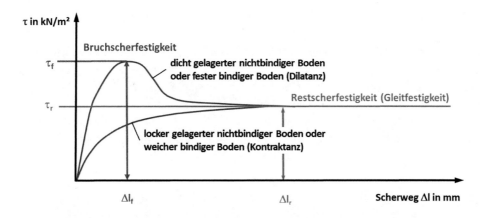

Abb. E-48: Verhalten des Bodens bei Scherbeanspruchung in Abhängigkeit von Lagerungsdichte oder Konsistenz

Die Reibungsfestigkeit ist beim Nachweis des Grenzzustandes der Tragfähigkeit also immer in Abhängigkeit des Stoffzustandes des anstehenden Bodens sowie der zu erwartenden Scherverschiebung bzw. des Schwerweges Δl anzusetzen.

Die Lagerungsdichte, bei der weder Auflockerung noch Verdichtung von nichtbindigen Böden eintreten, wird als kritische Dichte bezeichnet. Diese ist von besonderer Bedeutung, um die Standsicherheit von Bauwerken, die in wassergesättigtem, nichtbindigen Boden (nbB) gegründet sind, zu beurteilen.

Ist die Lagerungsdichte eines wassergesättigten, nichtbindigen Bodens (Feinsand) geringer als die kritische Dichte, wird dieser durch eine plötzliche Scherbeanspruchung verdichtet, der Porenraum also verringert. Da das nun überschüssige Porenwasser aber nicht sofort abfließen kann, gerät es unter Druck. Durch diesen Porenwasserdruck wird der Kornkontakt und damit die Reibungsfestigkeit kurzzeitig und deutlich herabgesetzt oder gar aufgehoben, der Boden verflüssigt sich und versagt plötzlich. Ursprünglich standfeste Bauwerke können einstürzen, Böschungen können abrutschen.

E-4.3.4   Drainierte und undrainierte Scherfestigkeit – Anfangs- und Endstandsicherheit

Beim Nachweis des Grenzzustandes der Tragfähigkeit werden die Anfangsstandsicherheit zu der Zeit t = 0 und die Endstandsicherheit zu der Zeit t = ∞ berücksichtigt. Damit werden die Zeiträume direkt nach Belastungsbeginn (t = 0), während oder unmittelbar nach der Erstellung sowie nach langer Standzeit des Bauwerks (t = ∞) berücksichtigt.

Nach dem Konzept der effektiven Spannungen von TERZAGHI (vgl. Kapitel E-4.2.3) kann der Boden bei Belastungsbeginn (t = 0) das durch die Belastung unter Druck geratene Porenwasser noch nicht abgeben, d. h. noch nicht drainieren. Weil dieser Anfangszustand durch nicht entwässerndes Bodenverhalten charakterisiert ist, wird für diesen die undrainierte Scherfestigkeit, die auch als Anfangsstandsicherheit bezeichnet wird, maßgebend.

Die undrainierte Scherfestigkeit (Gl. E53) für wassergesättigte Böden setzt sich im Anfangszustand nur aus der undrainierten Kohäsion c_u zusammen, der undrainierte Reibungswinkel beträgt $\varphi_u = 0$. Die Scherparameter des Mohr-Coulomb'schen Bruchkriteriums für die undrainierte Scherfestigkeit im Anfangszustand werden also mit dem Index „u" ergänzt. Ferner ist zu berücksichtigen, dass im Zusammenhang mit der Anfangsstandsicherheit die totale Spannung σ (Normalspannung) anzusetzen ist.

Undrainierte Scherfestigkeit im Anfangszustand
(Anfangsstandsicherheit)

$$\tau_f = \sigma \cdot \tan\varphi_u + c_u \qquad \left[\frac{kN}{m^2}\right] \qquad (E53)$$

mit:

τ_f.. Scherspannung bei Bruch (failure) [kN/m²]
σ.. totale Spannung (Normalspannung) in der Scherfläche [kN/m²]
φ_u.. undrainierter Reibungswinkel [°]
c_u.. undrainierte Kohäsion [kN/m²]

Mit der Zeit fließt das Wasser ab und der Porenwasserdruck wird abgebaut. Das führt dazu, dass dieser zum Zeitpunkt t = ∞, der den Endzustand kennzeichnet, schließlich nicht mehr vorhanden ist. Der Boden ist vollständig entwässert bzw. drainiert. Die von außen aufgebrachte totale Spannung σ, wird in diesem Endzustand allein über die Korn-zu-Korn-Spannung aufgenommen. Die totale Spannung entspricht im Endzustand gemäß des Konzeptes der effektiven Spannungen von TERZAGHI also der effektiven Spannung σ'.

Weil in diesem Zustand der Boden vollständig entwässert ist, muss die effektive oder drainierte Scherfestigkeit, die auch als Endstandsicherheit (Gl. E54) bezeichnet wird, angesetzt werden. Die Parameter des Mohr-Coulomb'schen-Bruchkriteriums werden zur Kennzeichnung des Endzustandes durch einen Hochstrich ergänzt.

Drainierte Scherfestigkeit im Endzustand
(Endstandsicherheit)

$$\tau_f = \sigma' \cdot \tan\varphi' + c' \qquad \left[\frac{kN}{m^2}\right] \tag{E54}$$

mit:

τ_f.. Scherspannung bei Bruch (failure) [kN/m²]
σ'.. effektive Normalspannung (Korn-zu-Korn-Spannung) in der Scherfläche [kN/m²]
φ'.. effektiver Reibungswinkel [°]
c'.. effektive Kohäsion [kN/m²]

Bei der Planung und Durchführung der Scherversuche müssen neben den tatsächlich eintretenden Beanspruchungen des Bauwerks demzufolge auch die unterschiedlichen Zeiträume hinsichtlich der Bauwerkserstellung berücksichtigt werden.

Werden bindige Böden schnell belastet, sind mit dem entsprechenden Scherversuch die undrainierten Scherparameter φ_u und c_u für den Anfangszustand zu ermitteln. Werden die Belastungen beispielsweise so langsam aufgebracht, sodass der Boden drainieren kann, sind die drainierten bzw. effektiven Scherparameter φ' und c' mit einem adäquaten Scherversuch zu bestimmen.

E-4.3.5   Versuche zur Bestimmung der Scherfestigkeit – Überblick

Für die experimentelle Bestimmung der Scherfestigkeit stehen eine Vielzahl von Labor- und Feldversuchen, welche in Abbildung E-49 zusammengestellte sind, zur Verfügung.

Durch die Versuchsanordnung kann bei den Laborversuchen Einfluss auf den Spannungs-Verformungszustand der Bodenprobe beim Konsolidieren und Abscheren genommen werden. Die Probe wird zunächst konsolidiert, um einen Anfangsspannungszustand zu erzeugen. Im Anschluss daran beginnt der Abschervorgang der Probe. Der Anfangsspannungszustand wird dabei unter Berücksichtigung der zu erwartenden Belastung des Baugrunds durch das geplante Bauwerk festgelegt.

Sowohl Durchführung als auch Auswertung der Laborversuche „Direkter Scherversuch" bzw. „Triaxialversuch" sind in DIN EN ISO 17892 - Teil 10, 9 und 8 festgelegt. Die entsprechende Regelung des „Einaxialen Druckversuchs" ist in DIN EN ISO 17892-Teil 7 vorgenommen worden.

In diesem Abschnitt wird ausschließlich auf die Laborversuche eingegangen. Hinsichtlich der Durchführung und Auswertung von den Feldversuchen „Drucksondierung" und „Feldflügelsondierung" wird auf die Erläuterungen zu den indirekten Verfahren in der Baugrunderkundung (Sondierungen) in Kapitel D-3.4 verwiesen.

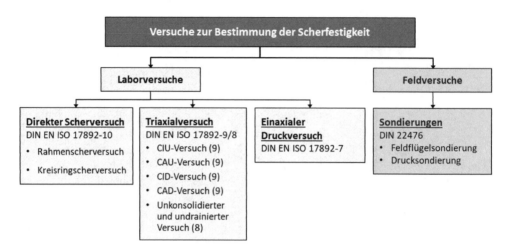

Abb. E-49: Übersicht – Versuche zur Bestimmung der Scherfestigkeit

E-4.3.6   Direkter Scherversuch

Versuchsdurchführung

Bei direkten Scherversuchen wird die Scherfuge durch die Versuchsapparatur kinematisch in einem Bereich erzwungen, der vorgegeben ist. Dieser entspricht im Regelfall nicht der schwächsten Bodenzone.

Die Geräte zur Durchführung direkter Scherversuche bestehen aus zwei starren, übereinanderliegenden Rahmen, welche zur Mobilisierung der Scherbeanspruchung gegeneinander verschoben werden. Beim Rahmenscherversuch haben diese Rahmen einen quadratischen (Abb. E-50), beim Kreisringscherversuch einen kreisförmigen Grundriss (Abb. E-51). Unabhängig von der Rahmenform werden zylindrische bzw. hohlzylindrische (Kreisringschergerät) Probenkörper eingebaut.

Rahmen- und Kreisringscherversuch unterscheiden sich u. a. durch die Art der Initiierung des Abschervorgangs. Beim Rahmenschergerät wird die Bodenprobe nach erfolgter Konsolidation durch Translation abgeschert. Dazu ist der bewegliche gegen den feststehenden Rahmenteil zu verschieben. Beim Kreisringschergerät wird der Abschervorgang nach der Konsolidation durch Rotation erzeugt, wobei der obere Rahmen gegen den unteren verdreht wird. Die Verschiebung der Rahmen erfolgt sowohl beim Rahmenschergerät als auch beim Kreisringschergerät mit konstanter Geschwindigkeit, also weggesteuert.

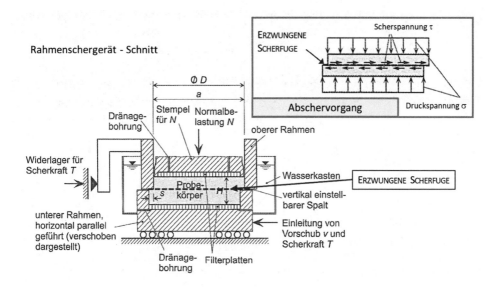

Abb. E-50: Rahmenschergerät – Gerät und Prinzip, verändert nach [4]

Da sich die Scherfuge beim Kreisringscherversuch zu jeder Zeit innerhalb der Probe befindet und der Scherweg unbegrenzt ist, lassen sich durch diesen Versuch sehr große Verschiebungen (Scherwege) abbilden. Aufgrund dessen ist der Kreisringscherversuch besonders gut für die Ermittlung der Rest- bzw. Gleitscherfestigkeit (siehe Abb. E-48) geeignet.

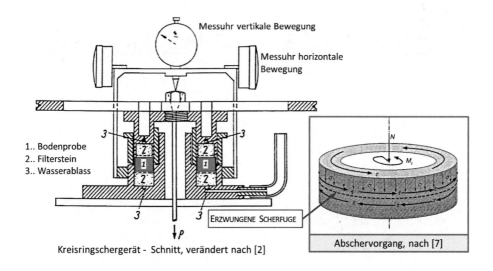

Abb. E-51: Kreisringscherversuch – Gerät und Prinzip

Die Kontrolle oder Messung des Porenwasserdrucks ist bei direkten Scherversuchen grundsätzlich nicht möglich. Mit direkten Scherversuchen lassen sich demzufolge nur die drainierte Scherfestigkeit für den Endzustand und damit die effektiven Scherparameter bestimmen. Der direkte Scherversuch ist an mindestens drei zylindrischen Probekörpern mit identischer Geometrie und aus demselben Boden unter mindestens drei verschiedenen Normalspannungen (σ_1, σ_2, σ_3) durchzuführen, wobei die entsprechenden Scherspannungen (τ_1, τ_2 , τ_3) über die jeweilige Scherkraft T und die Scherfläche A zu ermitteln sind.

Auswertung

Zur Auswertung (Abb. E-52) trägt man die im Grenzzustand in der Scherfuge des Probekörpers aufgetretene maximale Scherspannung τ_f über die dazugehörige Normalspannung σ' für mindestens drei Versuche und jeweils als Punkte im Scherspannungs-Normalspannungs-Diagramm auf. Zuvor sind die Bruchscherspannungen τ_f, also die maximalen Scherspannungen für jeden Einzelversuch aus dem Scherspannungs-Scherweg-Diagramm abzulesen.

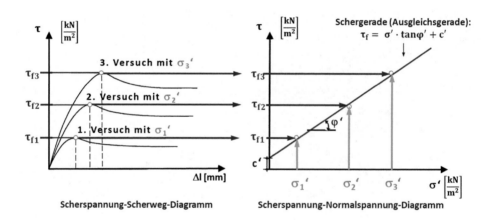

Scherspannung-Scherweg-Diagramm   Scherspannung-Normalspannung-Diagramm

Abb. E-52: Auswertung eines Rahmenscherversuches

Um den Zusammenhang zwischen der sich im Versuch ergebenden Scherspannung als abhängige Variable und der aufgebrachten Normalspannung als unabhängige Variable mathematisch zu beschreiben, wäre theoretisch die statistische Methode der linearen Regression anzuwenden. Im Fall der Auswertung der direkten Scherversuche ist es jedoch oft auch ausreichend, an diese drei Datenpunkte eine Ausgleichsgerade nach Augenmaß zu legen. Kennzeichnend für eine Ausgleichsgerade ist, dass die Abstände zwischen den Datenpunkten und der Geraden minimiert sind. Diese Vorgehensweise ist erforderlich, da die Datenpunkte u. a. aus versuchstechnischen Gründen oft nicht auf einer Geraden liegen.

Diese Ausgleichsgerade, welche hier als Schergerade bezeichnet wird, ist durch das Mohr-Coulomb'sche-Bruchkriterium mit $\tau_f = \sigma' \cdot \tan\varphi' + c'$ definiert. Aufgrund dessen entspricht die Steigung der Schergeraden dem effektiven Reibungswinkel φ'. Die effektive Kohäsion c' ist durch den Ordinatenabschnitt (τ-Achse) bei einer Normalspannung von $\sigma' = 0$ kN/m² definiert. Beide Parameter können schließlich durch Ablesen an der Schergeraden (Ausgleichsgeraden) bestimmt werden.

Vorteile und Nachteile direkter Scherversuche

Der Vorteil der beiden direkten Scherversuche besteht in der schnellen und einfachen Versuchsdurchführung.

Von Nachteil ist, dass die Scherfuge mit diesem Laborversuch gerätebedingt in einer definierten Zone der Bodenprobe erzwungen wird. In der Natur würde der Boden dagegen an seiner schwächsten Stelle versagen. Da es versuchsbedingt nicht möglich ist, den Porenwasserdruck zu messen, sind nur langsame, drainierte Scherversuche, in denen sich kein Porenwasserdruck aufbauen kann, durchführbar. Abweichend vom natürlichen Verhalten wird überdies die Seitendehnung der Probe in direkten Scherversuchen verhindert. Anders als in natura verringert sich beim Rahmenscherversuch die Probenkontaktfläche mit zunehmendem Abschervorgang. Auch das Kreisringschergerät modelliert das Verhalten des Bodens in situ nicht vollkommen, da die Verschiebungen an der Außen- und Innenseite der Probe ungleich groß sind.

E-4.3.7   Triaxialversuch

Versuchsdurchführung

Beim Triaxialversuch können verschiedene Randbedingungen so eingestellt werden, dass die in-situ vorherrschenden Baugrundbedingungen realistischer als mit direkten Scherversuchen modelliert werden können. Die Scherflächen können sich frei, also an der schwächsten Zone der Bodenprobe ausbilden (siehe auch Abb. E-47).

Die zylindrische, mit einer Gummihülle geschützte Bodenprobe wird zunächst in ein mit Wasser zu füllendes Gefäß, die Triaxialzelle (Abb. E-53) eingebaut, gesättigt und konsolidiert (außer unkonsolidierter, undrainierter Versuch). Der Wasserdruck, mit dem die Probe für den Sättigungsvorgang zu beaufschlagen ist, hängt von der vorhandenen Sättigungszahl ab.

Die Konsolidationsspannungen werden nach Abschluss des Sättigungsvorganges über den Zelldruck aufgebracht. Die radialen Spannungen sind nachfolgend wegen $\sigma_2 = \sigma_3$ nur noch mit σ_3 bezeichnet. Um den Zelldruck zu erzeugen, wird das Wasser in der Triaxialzelle unter Druck gesetzt. So wird der Anfangszustand erzeugt, bei dem die Probe einem dreiaxialen, isotropen Spannungszustand ($\sigma_1 = \sigma_3$) ausgesetzt ist.

Nach der Konsolidation ist der Probenkörper durch axiale Stauchung abzuscheren. Dazu wird die axiale Belastung σ_1 über einen Druckstempel (Kolben) so lange erhöht, bis in der Probe ein Bruchzustand eingetreten ist. Die radialen Spannungen (σ_3) werden bei diesem Vorgang konstant gehalten. Während der Versuche kann der Porenwasserdruck durch eine entsprechende Messmimik erfasst werden.

Über Filtersteine kann die Probe gezielt entwässern. Um die hydraulische und die mechanische Filterwirksamkeit (vgl. Kapitel E-2.4.8) zu gewährleisten, muss der Durchlässigkeitsbeiwert der Filtersteine an die Durchlässigkeit des Bodens angepasst werden.

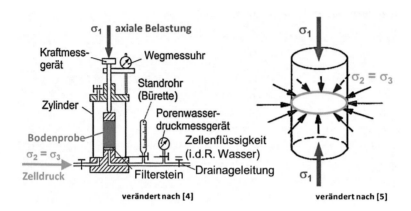

Abb. E-53: Prinzip Triaxialversuch

Der Triaxialversuch ist in der Summe an mindestens drei Probenkörpern desselben Bodens durchzuführen. Dabei ist jeder Versuch mit unterschiedlichen Zelldrücken zu beaufschlagen ist, sodass jeweils unterschiedliche Spannungszustände, also Anfangszustände erzeugt werden.

Auswertung

Der mehrdimensionale Spannungszustand, der mit σ_1 axial und mit σ_3 radial im Grenzzustand in der Scherfläche des Probekörpers geherrscht hat, wird durch die Konstruktion von sogenannten Mohr'schen Spannungskreisen im ebenen Scherspannungs-Normalspannungs-Diagramm (Abb. E-54) abgebildet. Dabei erfüllen die Mohr'schen Spannungskreise das Mohr-Coulomb'sche Bruchkriterium (Gl. E-52).

Die Neigung der entstandenen Scherfläche gegen die Horizontale wird durch den Winkel α, der auch als Bruchwinkel bezeichnet wird, dargestellt. Wird bei σ_3 unter diesem Bruchwinkel eine Linie eingezeichnet, ergibt sich ein Schnittpunkt mit dem Mohr'schen Spannungskreis. An diesem sog. Bruchpunkt lassen sich die im Bruchzustand senkrecht auf die Scherfläche wirkende Normalspannung σ_α und die in der Scherfläche wirkende Scherspannung τ_α grafisch ermitteln. Der Bruchpunkt ergibt sich auch bei Abtragung des doppelten Bruchwinkels (2α) am Mittelpunkt des Mohr'schen Spannungskreises.

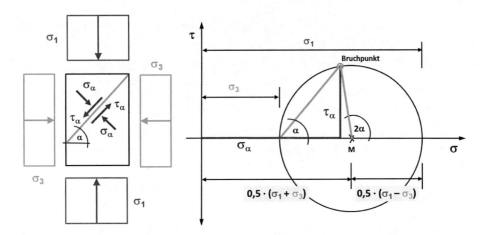

Abb. E-54: Ermittlung der Normal- und Scherspannungen in der Scherfläche durch die Konstruktion eines Mohr'schen Spannungskreises

Für die insgesamt drei, mit unterschiedlichen Zelldrücken σ_1 und σ_3 durchgeführten Triaxialversuche werden folglich drei Mohr'sche Spannungskreise aufgetragen. Dabei gilt, dass ein Punkt auf dem Mohr'schen Spannungskreis gleichzeitig ein Punkt der Schergeraden ist. Das Mohr-Coulomb'sche Bruchkriterium ist erfüllt, wenn die Schergerade in Form einer Tangente (Ausgleichgeraden) an die Bruchpunkte der Mohr'schen Spannungskreise angelegt wird (Abb. E-55). Daher lassen sich die Scherparameter Reibungswinkel φ' und Kohäsion c' durch Ablesen an der Schergerade ermitteln.

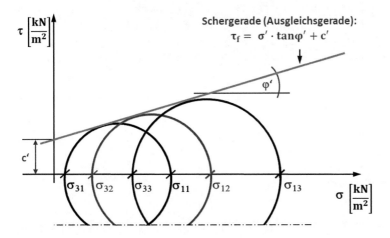

Abb. E-55: Mohr'sche Spannungskreise, Schergerade und Scherparameter

Versuchsarten

Zur Modellierung der Baugrundgegebenheiten können diverse Belastungs- und Entwässerungsbedingungen berücksichtigt werden, die zu den folgenden fünf Arten des Triaxialversuches führen.

▸ **CID-Versuch:** Isotrope Konsolidierung, drainiertes Abscheren
(früher D-Versuch: konsolidierter, drainierter Versuch)

Die Konsolidierung der wassergesättigten Probe erfolgt bei geöffneten Drainageleitungen. Damit der Probenkörper hierbei seitlich entwässern kann, sind entsprechende Filterpapierstreifen anzubringen. Nach der Konsolidierung wird die Probe abgeschert. Dabei ist sicherzustellen, dass die Vorschubgeschwindigkeit der Belastungseinrichtung so langsam eingestellt ist, dass sich kein Porenwasserdruck aufbauen kann ($\Delta u = 0$). Beim Abschervorgang sind die Drainageleitungen ebenfalls geöffnet, sodass die Probe frei entwässern kann. Dass sich im Verlauf des Versuches wegen der zunehmenden Verformung die Querschnittsfläche des Probenkörpers verändert, ist bei der Auswertung entsprechend zu berücksichtigen. Mit diesem Versuch kann die drainierte Scherfestigkeit im Endzustand mit den effektiven Scherparametern φ' und c' bestimmt werden (Auswertung siehe Abb. E-55).

Wird die Probe in der Triaxialzelle anisotrop konsolidiert und drainiert abgeschert, handelt es sich um den **CAD-Versuch** (Anisotrope Konsolidierung, drainiertes Abscheren).

▸ **CIU-Versuch:** Isotrope Konsolidierung, undrainiertes Abscheren
(früher CU-Versuch: konsolidierter, undrainierter Versuch)

Die wassergesättigte Probe ist ebenfalls bei offener Drainageleitung zu konsolidieren. Beim folgenden langsamen Abschervorgang der konsolidierten Probe wird die Wasserabgabe durch Schließen der Drainageleitungen verhindert. Auf diese Weise baut sich ein Porenwasserdruck ($\Delta u \neq 0$) auf und verteilt sich gleichmäßig in der Probe. Die Veränderung des Porenwasserdrucks wird während des gesamten Versuchs gemessen. Da die Verformung der Bodenprobe während des Versuches zunimmt, muss die damit einhergehende Änderung der Querschnittsfläche bei der Auswertung erfasst werden. Mit dem Konzept der effektiven Spannungen von Terzaghi ($\sigma' = \sigma - u$) kann aus den Messwerten dieses Versuches ebenfalls die drainierte Scherfestigkeit im Endzustand mit den effektiven Scherparametern φ' und c' bestimmt werden (Abb. E-55).

Beim **CAU-Versuch** wird der Versuch nach anisotroper Konsolidation undrainiert abgeschert. (CAU: Anisotrope Konsolidierung, undrainiertes Abscheren).

▸ **Unkonsolidierter, undrainierter Versuch**
(früher UU-Versuch: unkonsolidierter, undrainierter Versuch)

Die Bodenprobe wird bei geschlossenen Drainageleitungen konsolidiert und abgeschert. Der Wassergehalt w verändert sich daher über die gesamte Versuchsdauer nicht (Abb. E-56). Konsolidierung und Abschervorgang erfolgen schnell. Der entstehende Porenwasserdruck ($\Delta u \neq 0$) wird dabei nicht gemessen, sodass die totalen Spannungen zu berücksichtigen sind. Aufgrund dessen werden mit diesem Versuchstyp die undrainierten Scherparameter φ_u und c_u für den Anfangszustand (Anfangsstandsicherheit) erfasst.

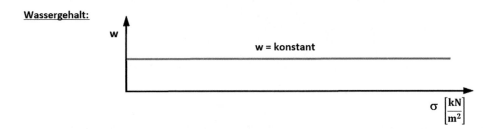

Abb. E-56: Wassergehalt während des unkonsolidierten, undrainierten Triaxialversuches

Je nach Wassersättigung des Bodens können sich allerdings unterschiedliche Verläufe für die Schergeraden ergeben. Wird die totale Spannung auf teilgesättigte Probekörper erhöht, wird diese nicht nur vom Porenwasser, sondern auch vom Korngerüst aufgenommen, sodass der Durchmesser der Spannungskreise mit der Steigerung der totalen Spannungen etwas zunimmt(Abb. E-57). Die Neigung der Schergeraden, also der Tangente an die Spannungskreise wird durch den undrainierten Reibungswinkel φ_u beschrieben, die undrainierte Kohäsion c_u ist an der Ordinate τ bei $\sigma = 0$ kN/m² abzulesen.

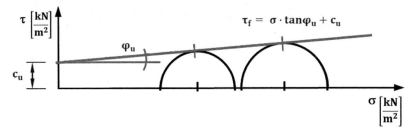

Abb. E-57: Auswertung des unkonsolidierten, undrainierten Triaxialversuches an teilgesättigtem Boden

Führt man hingegen an wassergesättigten Probekörpern gleicher Dichte mehrere unkonsolidierte, undrainierte Triaxialversuche bei unterschiedlichem Zelldruck durch, weisen alle Mohr'schen Spannungskreise den gleichen Durchmesser auf (Abb. E-58). Da die Erhöhung des Zelldrucks, also der totalen Spannungen lediglich eine Erhöhung des Porenwasserdrucks bewirkt, ergeben sich die effektiven Spannungen und damit auch der undrainierte Reibungswinkel zu Null ($\varphi_u = 0$).

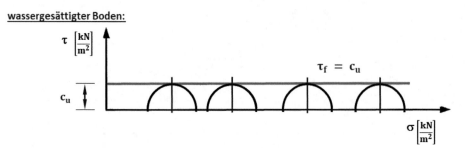

wassergesättigter Boden:

Abb. E-58: Auswertung des unkonsolidierten, undrainierten Triaxialversuches an gesättigtem Boden

E-4.3.8   Einaxialer Druckversuch

Versuchsdurchführung

Mit einaxialer Druckfestigkeit wird die Druckfestigkeit von Bodenproben bei unbehinderter Seitendehnung bezeichnet (Abb. E-59). Die Proben können sich unbehindert seitlich ausdehnen, weil keine radialen Spannungen wirken. Die einaxiale Druckfestigkeit wird an i. d. R. zylindrischen Probenkörpern, die entweder aus Sonderproben der Güteklasse 1/2 oder aus aufbereitetem Bodenmaterial hergestellt werden, bestimmt. Dabei ist zu beachten, dass die Probenkörper in jedem Fall standfest sein müssen, da diese seitlich nicht gestützt werden ($\sigma_3 = 0$). Darüber hinaus ist zu berücksichtigen, dass die gezielte Entwässerung der Probe im Versuchsgerät (Abb. E-59) nicht möglich ist, allerdings kann die Entwässerung auch nicht verhindert werden.

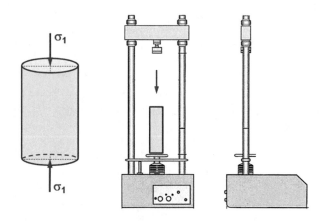

Abb. E-59: Bestimmung der einaxialen Druckfestigkeit, verändert nach [10]

Der Probenkörper wird nach dem Einbau so lange mit konstanter Geschwindigkeit verformt bzw. einer steigenden axialen Spannung σ_1 ausgesetzt, bis der Bruch eintritt. In Abhängigkeit von Bodenart, Stoffbestand und Stoffzustand können, ähnlich wie beim Triaxialversuch (Abb. E-47), verschiedene Bruchbilder auftreten

Auswertung

Die einaxiale Spannung σ_1 und die axiale Stauchung ε werden in einem linear skalierten Druck-Stauchungs-Diagramm (Abb. E-60) aufgetragen. Aus diesem Diagramm können anschließend die einaxiale Druckfestigkeit q_u und die dazugehörige Bruchstauchung ε_u am Bruchpunkt abgelesen werden.

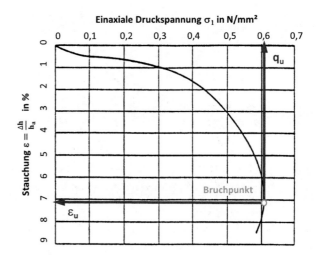

Abb. E-60: Druck-Stauchungs-Diagramm

Über die einaxiale Druckfestigkeit kann darüber hinaus auf die undrainierte Scherfestigkeit eines Bodens geschlossen werden. Der direkte Zusammenhang zwischen einaxialer Druckfestigkeit und undrainierter Scherfestigkeit wird durch die Darstellung eines Mohr'schen Spannungskreises ersichtlich.

Dazu trägt man das Ergebnis des einaxialen Druckversuches, also die Bruchspannung als Mohr'schen Spannungskreis mit dem Durchmesser $q_u = \sigma_1$ (Abb. E-61) auf. Wegen der unbehinderten Seitendehnung ($\sigma_3 = 0$) verläuft dieser durch den Koordinatenursprung. Die an den Kreis angelegte Tangente, also die Schergerade verläuft horizontal und schneidet die Ordinate, auf welcher die Scherspannung τ aufgetragen ist.

Dieser Ordinatenabschnitt entspricht aufgrund der Versuchsrandbedingungen der undrainierten Scherfestigkeit c_u im Anfangszustand (Gl. E-55). Da aber die Entwässerung der Probe bei diesem Versuch nicht verhindert werden kann, gilt die auf diese Weise bestimmte undrainierte Scherfestigkeit eingeschränkt.

Der beschriebene Zusammenhang ist daher ausschließlich für Böden mit geringer Wasserdurchlässigkeit anzuwenden, da allein bei diesen Böden davon ausgegangen werden kann, dass sie während des Versuchs nahezu undrainiert bleiben.

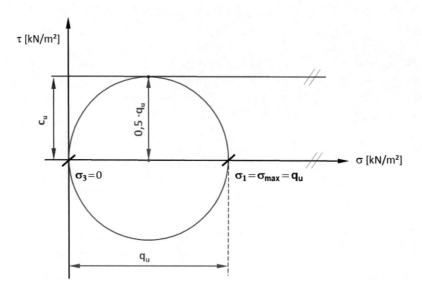

Abb. E-61: Mohr'scher Spannungskreis für Bruchzustand im einaxialen Druckversuch – Zusammenhang zwischen einaxialer Druckfestigkeit und undrainierter Scherfestigkeit

Wie aus Abbildung E-61 hervorgeht, entspricht die undrainierte Scherfestigkeit c_u dem Radius des Mohr'schen Spannungskreises und damit der Hälfte der einaxialen Druckfestigkeit q_u.

$$c_u = \frac{1}{2} \cdot q_u \qquad \left[\frac{kN}{m^2}\right] \tag{E55}$$

E-4.3.9   Verwendung der Scherfestigkeit

Wie eingangs bereits erwähnt, benötigt man die Scherfestigkeit mit den Scherparametern Reibungswinkel und Kohäsion für den Nachweis des Grenzzustandes der Tragfähigkeit und zum Teil für den Nachweis des Grenzzustandes der Gebrauchstauglichkeit (z. B. Begrenzung der horizontalen Verschiebung in der Sohlfläche).

Die Scherparameter werden darüber hinaus für die Berechnung des Erddrucks und für die Festlegung von Homogenbereichen benötigt.

E-4.4   Wasserdurchlässigkeit

Grundwasser strömt in den Poren des Bodens, wenn zwischen zwei Orten ein Druck-unterschied vorhanden ist. Das Maß der Durchströmung des Bodens mit Wasser wird auch als Wasserdurchlässigkeit bezeichnet.

Sowohl nichtbindige (grobkörnige) als auch bindige (gemischt- und feinkörnige) Böden sind aufgrund der vorhandenen Poren wasserdurchlässig. Dabei ist die Wasserdurch-lässigkeit u. a. von der Korngröße, der Kornverteilung, der Kornform, der Kornrauigkeit, der Lagerungsdichte und der Sättigung des Bodens abhängig.

Die Wasserdurchlässigkeit ist bei Böden mit gleichmäßiger, enggestufter Korngrößen-verteilung und steiler Körnungslinie größer als bei solchen mit ungleichmäßiger, weit-gestufter Korngrößenverteilung und eher flacher Körnungslinie. Weiterhin haben dicht gelagerte Böden eine geringere Durchlässigkeit als locker gelagerte Böden.

Darüber hinaus hängt die Wasserdurchlässigkeit nicht von der Größe des gesamten Porenraumes (Porenanteil n), sondern von der Größe der einzelnen Poren (Hohlräume) ab, da der Reibungswiderstand, den strömendes Wasser in kleinen Poren überwinden muss, höher ist als in größeren.

So haben bindige Böden zwar einen insgesamt größeren Porenanteil als nichtbindige Böden, jedoch sind die einzelnen Poren aufgrund der z. B. plättchenförmigen Gestalt der Tonminerale sehr viel kleiner. Der daraus resultierende hohe Reibungswiderstand zwischen Wasser und Korngerüst bedingt eine im Vergleich zu größeren Poren deutlich geringere Wasserdurchlässigkeit.

Aus Abbildung E-62 geht weiterhin hervor, dass bei gleichem hydrau-lischen Gefälle i in nichtbindigen Böden wie z. B. in Sand ein größe-res Wasservolumen (V_W) pro Zeit (t) einen Querschnitt (A) durch-fließt als in den bindigen bzw. fein-körnigen Bodenarten Schluff und Ton.

Über den an der Ordinate abgetra-genen Ausdruck (V_W / t · A) ist die Fließ- bzw. Filtergeschwindigkeit v_f (vgl. Kap. E-4.4.1) definiert.

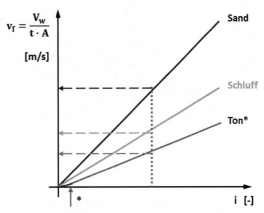

$$v_f = \frac{V_w}{t \cdot A}$$

[m/s]

Sand

Schluff

Ton*

i [-]

* Im Bereich sehr kleiner hydraulischer Gradienten i, z. B. in fettem Ton (Pfeil) sind Abweichungen von der Linearität möglich [15]

Abb. E-62: Zusammenhang zwischen Fließgeschwin-digkeit v_f, Bodenart und hydraulischem Gradienten i

Sowohl die Wasserdurchlässigkeit als auch die Durchströmung von Boden sind bei Bauaufgaben zu berücksichtigen. Unter anderem deshalb, weil durch die beschriebene Reibung zwischen strömendem Wasser und Korngerüst eine Strömungskraft als Belastung auf das Korngerüst des Bodens übertragen wird.

Der Porenraum im Boden kann mit einem Röhrensystem verglichen werden, in dem die einzelnen Röhren ihren Durchmesser ändern und gekrümmt sein können. In diesem Röhrensystem sind laminare und turbulente Strömungen möglich. Eine Strömung wird als laminar bezeichnet, wenn sich jedes Wasserteilchen auf seiner Bahn bewegt, ohne die Bahnen anderer Teilchen zu kreuzen. Anderenfalls handelt es sich um eine turbulente Strömung. Aufgrund der vergleichsweise kleinen Porendurchmesser strömt das Wasser im Boden jedoch fast ausschließlich laminar [13].

E-4.4.1   Gesetz von Darcy

Mit dem Gesetz von DARCY (1865) kann das Prinzip des Strömungsvorgangs in einem Bodenelement (Abb. E-63) hinreichend genau beschrieben werden.

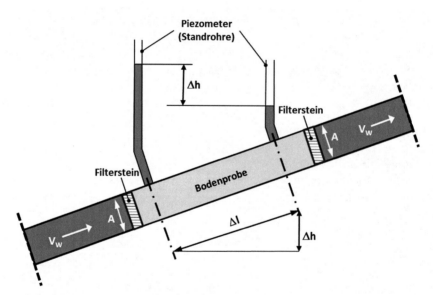

mit:
V_W..Volumen des durchströmenden Wassers in m³
A.. durchströmte Fläche senkrecht zur Strömungsrichtung (Querschnittsfläche) in m²
Δh..Differenz der Wasserspiegelhöhen in den Piezometern (auch hydraulischer Höhenunterschied oder Druckhöhenunterschied) in m
Δl.. durchströmte Länge (Abstand der Piezometer in Fließrichtung oder Länge der Bodenprobe zwischen den Piezometern) in m

Abb. E-63: Strömungsvorgang in einem Bodenelement

Die Geschwindigkeit des strömenden Wassers bzw. die Fließgeschwindigkeit wird nach DARCY für praktische Berechnungen mit der **Filtergeschwindigkeit v_f** (Gl. E56, E57) beschrieben. Das Wasservolumen (V_W in m³), welches in der Zeit t in Sekunden durch den Boden fließt, wird in diesem Zusammenhang als **Durchfluss Q** bezeichnet. Die Filtergeschwindigkeit v_f ist damit der Durchfluss (Q in m³/s) des Wassers durch die aus Feststoff und Poren bestehende Querschnittsfläche (A in m²), welche senkrecht zur Fließrichtung verläuft (Abb. E-63).

$$v_f = \frac{V_W}{t \cdot A} = \frac{Q}{A} \qquad \left[\frac{m}{s}\right] \qquad\qquad (E56)$$

Die Filtergeschwindigkeit v_f verhält sich nach dem Gesetz von DARCY proportional zum Durchlässigkeitsbeiwert (k_f in m/s) und zum hydraulischen Gefälle i.

Der **Durchlässigkeitsbeiwert k_f** ist, wie aus Gleichung E57 hervorgeht, als die Filtergeschwindigkeit v_f von strömendem Wasser bei einem hydraulischen Gefälle von i = 1 definiert. Dieser Zusammenhang gilt allerdings nur, wenn das Wasser eine Temperatur von 10 °C hat. Abweichende Temperaturen sind mit Korrekturbeiwerten zu berücksichtigen.

Das dimensionslose **hydraulische Gefälle i** (Gl. E56), häufig auch als hydraulischer Gradient bezeichnet, ist der Quotient aus Druckhöhenunterschied (Δh in m) und durchströmter Länge (Δl in m). Der Druckhöhenunterschied, auch hydraulischer Höhenunterschied genannt, ist die Differenz der Wasserspiegelhöhen in den Piezometern. Die Definitionen von Δh und Δl sind in Abbildung E-63 am Strömungsvorgang in einer Bodenprobe veranschaulicht.

$$v_f = k_f \cdot i = k_f \cdot \frac{\Delta h}{\Delta l} \quad \left[\frac{m}{s}\right] \qquad\qquad mit \qquad i = \frac{\Delta h}{\Delta l} \quad [-] \qquad (E57)$$

E-4.4.2 Labor- und Feldversuche zur Bestimmung der Wasserdurchlässigkeit

Der Durchlässigkeitsbeiwert k_f lässt sich gem. DIN EN ISO 17892-11 und DIN 18130-2 durch Labor- und Feldversuche bestimmen.

Laborversuche

Durchlässigkeitsversuch mit konstantem hydraulischen Gefälle

Versuchsdurchführung

Zur Bestimmung des Durchlässigkeitsbeiwertes von gut durchlässigen, also nichtbindigen bzw. grobkörnigen Böden wird der Durchlässigkeitsversuch mit konstantem hydraulischen Gefälle gem. DIN EN ISO 17892-11 (Abb. E-64) im Labor durchgeführt.

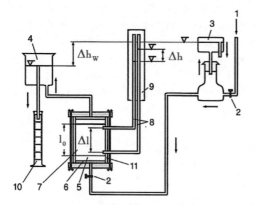

1	Zuführung entlüftetes Wasser
2	Schlauchklemme o. Kugelventil
3	Überlauf Oberwasser
4	Oberlauf Unterwasser
5	Filter
6	Lochplatte mit Drahtgewebe
7	Probekörper
8	Piezometer (Standrohre)
9	Maßstab
10	Messzylinder (Wasservolumen V_W)
11	Versuchszylinder
Δh	Differenz der Wasserspiegel in den Piezometern
Δl	durchströmte Länge
Δh_w	Differenz zwischen Ober- und Unterwasser
l_0	Höhe des Probekörpers

Abb. E-64: Bestimmung der Durchlässigkeit von Boden mit konstantem hydraulischen Gefälle im Permeameter mit starrer Wand gem. DIN EN ISO 17892-11, verändert nach [15]

Während der Versuchsdurchführung wird das Wasservolumen V_W, welches in der Versuchszeit t durch die eingebaute Bodenprobe mit dem Querschnitt A und der Länge Δl fließt, gemessen. Mit diesen Werten lässt sich dann sowohl der Durchfluss Q als auch der Durchlässigkeitsbeiwert k_f (Gl. E58 – E60) bestimmen.

Auswertung

Aus den Messwerten lässt sich der Durchfluss Q, u. a. auch unter Berücksichtigung von Gleichung E56, wie folgt ermitteln:

$$Q = \frac{V_W}{t} = \frac{A \cdot \Delta l}{t} = A \cdot v_f \qquad \left[\frac{m^3}{s}\right] \qquad \text{(E58)}$$

Nach dem Gesetz von Darcy (Gl. E56/E57) ergeben sich für den Durchfluss Q auch die nachfolgenden Zusammenhänge. Durch Umformung von Gleichung E59 kann schließlich der Durchlässigkeitsbeiwert k_f berechnet werden.

$$Q = A \cdot v_f = A \cdot k_f \cdot i = A \cdot k_f \cdot \frac{\Delta h}{\Delta l} \qquad \left[\frac{m^3}{s}\right] \qquad \text{(E59)}$$

$$k_f = \frac{v_f}{i} = \frac{Q}{A \cdot i} = \frac{Q \cdot \Delta l}{A \cdot \Delta h} \qquad \left[\frac{m}{s}\right] \qquad \text{(E60)}$$

Durchlässigkeitsversuch mit abnehmendem hydraulischen Gefälle

Versuchsdurchführung

Zur Bestimmung des Durchlässigkeitsbeiwertes von schlechter durchlässigen, also bindigen Böden wird eine Versuchsanordnung mit abnehmendem hydraulischen Gefälle benötigt, da die Wassermenge, welche die Bodenprobe bei konstantem hydraulischen Gefälle durchfließt, sehr gering und damit kaum messbar wäre. Die Durchführung des Durchlässigkeitsversuches mit abnehmendem hydraulischen Gefälle entsprechend DIN EN ISO 17892-11 ist in Abbildung E-65 dargestellt. Die Bodenprobe wird in diesem Versuch mit Wasser aus einem Standrohr (Piezometer) durchströmt. Dabei werden jeweils die Wasserspiegelhöhe h_1 zu Versuchsbeginn (t_1) und die Wasserspiegelhöhe h_2 zum Zeitpunkt t_2 mit Hilfe der Skala am Standrohr abgelesen.

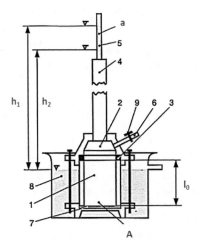

1	Probekörper mit Ausstechzylinder
2	Durchflussgerät mit Piezometer
3	Gummidichtung
4	Piezometer
5	Kapillarrohrverlängerung des Piezometers
6	Stutzen mit Ventil zum Füllen des Piezometers
7	gelochte Bodenplatte mit Stahlsieb
8	Wasserbad
9	Ventil
h_1	Spiegelhöhe im Piezometer; 1. Ablesung
h_2	Spiegelhöhe im Piezometer; 2. Ablesung
l_0	Höhe des Probekörpers (gleich durchströmte Länge gleich Höhe Ausstechzylinder)
a	Querschnittsfläche Piezometer
A	Querschnittsfläche Probekörper

Abb. E-65: Bestimmung der Durchlässigkeit von Boden mit abnehmendem hydraulischen Gefälle im Permeameter mit starrer Wand gem. DIN EN ISO 17892-11, verändert nach [3]

Auswertung

Anhand des Standrohrquerschnitts a, des durchströmten Probenquerschnitts A sowie der Absenkung des Wasserspiegels (h_1 und h_2) und der für die Absenkung benötigten Zeit ($t = t_2 - t_1$) kann der Durchlässigkeitsbeiwert k_f für die zeitveränderliche Druckhöhe bzw. das abnehmende hydraulische Gefälle anhand der Gleichung E61 werden. Die Definitionen der zu berücksichtigenden Werte sind Abbildung E-65 zu entnehmen.

$$k_f = \frac{a \cdot l_0}{A \cdot t} \cdot \ln \frac{h_1}{h_2} \qquad \left[\frac{m}{s}\right] \qquad\qquad (E61)$$

Feldversuche

Bestimmung der Durchlässigkeit

Zahlreiche, für bautechnische Zwecke geeignete Feldversuche sind in DIN 18130-2 beschrieben. Dabei ist zu beachten, dass die Einsatzmöglichkeiten der einzelnen Verfahren jeweils in Abhängigkeit der Durchlässigkeit des Bodens gesehen werden müssen. Die Durchführung eines Pumpversuches ist dabei das genaueste Feldverfahren, um den Durchlässigkeitsbeiwert k_f im gesättigten Boden, d. h. im Strömungsfeld unterhalb des Grundwasserspiegels zu ermitteln. Hierzu wird der Grundwasserspiegel abgesenkt, indem aus Entnahmebrunnen planmäßig eine bestimmte Menge Grundwasser abgepumpt wird. Im Anschluss daran wird der Wiederanstieg des Grundwasserstandes u. a. über die Zeit erfasst. Der Einfluss der genannten Vorgänge auf den Grundwasserspiegel wird durch diverse Messungen über Kontrollpegel erfasst.

Mit Markierungs- bzw. Tracerversuchen ist es weiterhin möglich, die tatsächliche Fließgeschwindigkeit des Grundwassers im Untergrund zu messen. Dazu werden z. B. Farb- oder Salzindikatoren über Brunnen am Startpunkt der Messung in den Grundwasserleiter gegeben. Diese Markierungsstoffe bzw. Tracer müssen gut wasserlöslich oder aufschwemmbar und noch in großer Verdünnung nachweisbar sein [19]. Selbstverständlich dürfen diese Stoffe weder gesundheits- noch umweltschädigend sein. Mit dem Abstand zwischen den Messpunkten und der Zeit, die es braucht, bis der Tracer den Zielpunkt erreicht, lässt sich dann die tatsächliche Fließgeschwindigkeit berechnen.

E-4.4.3 Abschätzungen des Durchlässigkeitsbeiwertes von Boden anhand seiner Korngrößenverteilung

Der Durchlässigkeitsbeiwert kann auch überschlägig anhand von empirisch gefundenen Zusammenhängen bzw. Korrelationen zu einfach zu bestimmenden Bodenkennwerten abgeschätzt werden. Für nichtbindige bzw. grobkörnige Böden sind dazu z. B. Informationen und Kenngrößen aus der Körnungslinie heranzuziehen. Stellvertretend werden nachfolgend die Verfahren nach HAZEN und BAYER vorgestellt.

Zusammenhang nach HAZEN (1892)

Nach HAZEN besteht folgender empirischer Zusammenhang zwischen Durchlässigkeitsbeiwert und d_{10}, dem Korndurchmesser bei 10 % Siebdurchgang (vgl. Kapitel E-2.4.7). Dieser gilt für eine Wassertemperatur von 10 °C und für Böden, die eine Ungleichförmigkeitszahl von $C_U \leq 5$ und einen bestimmten Korndurchmesser d_{10} aufweisen. Für letzteren muss der Gültigkeitsbereich von 0,1 mm < d_{10} < 3,0 mm beachtet werden.

$$k_f = 0{,}0116 \cdot d_{10}^2 \quad \left[\frac{m}{s}\right] \tag{E62}$$

⇨ Achtung, d_{10} ist in mm einzusetzen.

Zusammenhang nach BEYER (1964)

Die Korrelation von BEYER hat ein breiteres Anwendungsspektrum als die von HAZEN. Da die Korrelation neben dem Korndurchmesser d_{10} und der Ungleichförmigkeitszahl C_u auch die Lagerungsdichte D des Bodens (Tab. E-11) berücksichtigt, ist diese genauer als der von HAZEN angegebene Zusammenhang. Der Durchlässigkeitsbeiwert darf mit der Korrelation von BEYER für Böden ermittelt werden, für die 0,06 mm < d_{10} < 0,6 mm und 1 < C_u < 20 gilt.

$$k_f = \left(\frac{A}{C_U + B} + C\right) \cdot \frac{d_{10}^2}{100} \quad \left[\frac{m}{s}\right] \tag{E63}$$

⇨ Achtung, d_{10} ist in mm einzusetzen.

Tab. E-11: Konstanten A, B, und C in Abhängigkeit der Lagerungsdichte D nach BEYER 1994, verändert nach [17]

Lagerungsdichte	D [-]	A	B	C
locker	0,15 – 0,30	3,49	4,40	0,80
mitteldicht	0,30 – 0,50	2,68	3.40	0,55
dicht	0,50 – 0,80	2,34	3,10	0,39

E-4.4.4 Größenordnungen des Durchlässigkeitsbeiwertes

Die Bandbreite der möglichen Durchlässigkeitsbeiwerte für Böden ist sehr groß. In Tabelle E-12 sind zur Orientierung Größenordnungen von Durchlässigkeitsbeiwerten für ausgewählte Bodenarten bzw. Bodengruppen gem. DIN 18196 angegeben.

Tab. E-12: Durchlässigkeitsbeiwerte für ausgewählte Bodenarten/Bodengruppen nach [16]

Bodenart	Böden bzw. Bodengruppen nach DIN 18196 (Kurzzeichen)	k_f in m/s
Ton, Lehm	T, U, OT	< 10^{-8}
Schluff, Sand, lehmig, schluffig	U, SU	10^{-8} ... 10^{-6}
Feinsand, Mittelsand	SW	10^{-6} ... 10^{-4}
Grobsand, Mittelkies, Feinkies	SE, SI ,GW, GI	10^{-4} ... 10^{-2}
Grobkies	GE	> 10^{-2}

Hinweis: Bentonit, ein spezieller und besonders quellfähiger Ton, hat zum Vergleich einen Durchlässigkeitsbeiwert von k_f = 0,0033 mm/a!

E-4.4.5   Besonderheiten

Richtungsabhängigkeit des Durchlässigkeitsbeiwertes k_f (Anisotropie)

In Böden, die, wie z. B. Ton aus bevorzugt horizontal gelagerten Plättchen bestehen, ist die Durchlässigkeit richtungsabhängig (anisotrop), also in horizontaler Richtung größer als in vertikaler. Die horizontale Durchlässigkeit k_{fh} ist etwa zwei- bis zehnmal größer als die in vertikaler Richtung k_{fv} ($2 \leq k_{fh}/k_{fv} \leq 10$) [18]. Auch in geschichteten Böden ist der Durchlässigkeitsbeiwert parallel zur Schichtung größer als senkrecht zur Schichtung. In homogenen Böden ist der Durchlässigkeitsbeiwert dagegen nicht von der Raumrichtung abhängig [15].

Unterscheidung Filtergeschwindigkeit und wirkliche Strömungsgeschwindigkeit (Abstandsgeschwindigkeit)

Es muss grundsätzlich zwischen der wirklichen oder auch tatsächlichen Fließ- oder Strömungsgeschwindigkeit und der Filtergeschwindigkeit unterschieden werden. Die Filtergeschwindigkeit bezieht sich definitionsgemäß (Gl. E56, E57) auf die aus Feststoff bzw. Bodenkörnern und Poren bestehende Querschnittsfläche (Abb. E-66c). Da Wasser aber nur durch die Porenkanäle fließen kann, muss die wirkliche Geschwindigkeit des strömenden Wassers dementsprechend definiert und ermittelt werden.

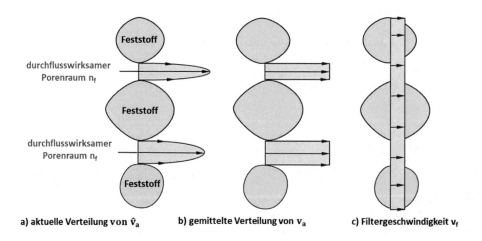

Abb. E-66: Unterschied zwischen aktueller und gemittelter Abstandsgeschwindigkeit sowie Filtergeschwindigkeit, in Anlehnung an [14]

Die wirkliche Geschwindigkeit von fließendem Wasser kann, wie im Abschnitt Feldversuche erläutert, durch Tracerversuche (vgl. Kapitel E-4.4.2) bestimmt werden. Hierbei wird die Zeit erfasst, in welcher die markierten Wasserteilchen eine bestimmte Strecke, also den Abstand zwischen einem Start- und einem Zielpunkt, zurücklegen.

Die tatsächliche Fließgeschwindigkeit wird daher auch als Abstandsgeschwindigkeit bezeichnet. Weiterhin ist zwischen der aktuellen Verteilung der Abstandsgeschwindigkeit $\hat{v}_a$ und der über den Porenraum gemittelten Verteilung der Abstandsgeschwindigkeit v_a zu unterscheiden [14]. Abbildung E-66 zeigt die beschriebenen Unterschiede.

Die über den Porenraum gemittelte wirkliche Strömungsgeschwindigkeit v_a (Gl. E64), welche sich näherungsweise aus der Division der Filtergeschwindigkeit v_f durch den durchflusswirksamen Porenraum n_f ergibt (Tab. E-13), ist z. B. im Zusammenhang mit der Ausbreitung von Schadstoffen im Grundwasser zu berücksichtigen.

$$v_a = \frac{v_f}{n_f} \quad \left[\frac{m}{s}\right] \tag{E64}$$

Tabelle E-13: Anhaltswerte für den durchflusswirksamen Hohlraumanteil n_f ausgewählter Bodenarten, nach [16]

Bodenart	durchflusswirksamer Hohlraumanteil n_f
Ton	0,05
Feinsand	0,10 - 0,20
Mittelsand	0,12 - 0,25
Grobsand	0,15 - 0,30
kiesiger Sand	0,16 - 0,28
Fein- bis Mittelkies	0,14 - 0,25

E-4.4.6   Verwendung des Durchlässigkeitsbeiwertes

Wassergesättigte Böden konsolidieren nach Erhöhung der Spannungen und schwellen nach Verminderung der Spannungen an (vgl. Kapitel E-4.2.4). Diese zeitabhängigen Vorgänge sind von der Wasserdurchlässigkeit abhängig. Daher kann anhand des Durchlässigkeitsbeiwertes eines Bodens der zeitliche Verlauf von Konsolidationssetzungen abgeschätzt werden. Der Durchlässigkeitsbeiwert wird weiterhin zur Dimensionierung von Grundwasserhaltungen benötigt.

E-4.5   Kapillarität und kapillare Steighöhe des Bodens

Definition

Ähnlich wie in einem Röhrchen mit sehr kleinem Durchmesser, einer sog. Kapillaren, steigt die Wassersäule besonders in feinkörnigen Böden über die hydrostatische Druckhöhe bzw. den normalen Grundwasserspiegel an. Man spricht in diesem Zusammenhang von der Kapillarität des Boden (vgl. Kapitel C-4). Der Abstand zwischen Grundwasserspiegel und angestiegener Wassersäule ist die kapillare Steighöhe h_k.

Je feinkörniger ein Boden ist, also je kleiner dessen Porendurchmesser sind, desto größer ist die kapillare Steighöhe h_k. In Tabelle E-14 sind Größenordnungen für die kapillaren Steighöhen ausgewählter Bodenarten dargestellt. Genauer lässt sich dieser Parameter durch Laborversuche ermitteln, wobei die Versuchsanordnung für nichtbindige und bindige Böden unterschiedlich ist.

Tabelle E-14: Kapillare Steighöhe für ausgewählte Bodenarten, nach [2]

Bodenart	kapillare Steighöhe h_k in m
sandiger Kies, Feinkies	0,08
Mittel- und Grobsand	0,20
Fein- und Mittelsand	0,50
schluffiger Feinsand	1,00
Schluff	5,00
Ton	50,00

Bedeutung der Kapillarität und Verwendung der kapillaren Steighöhe h_k

Die kapillare Steighöhe des Baugrunds muss im Rahmen der Bauwerksplanung z. B. im Zusammenhang mit der Frostgefährdung von bindigen Böden (vgl. Kapitel C-5) beachtet werden. Um Frostschäden zu vermeiden, wird die Kapillarität im Gründungsbereich durch den Einbau von kapillarbrechenden Schichten aus Kiesgemischen oder durch die Anordnung von Folien unterbunden.

Darüber hinaus ist die kapillare Steighöhe h_k ein wichtiger Parameter, der bei der Planung von Bauwerksabdichtungen zu berücksichtigen ist.

Kapillarwasser übt im Gegensatz zu freiem Grundwasser, welches den Boden durch den entgegengesetzt zur Schwerkraft wirkenden Auftrieb entlastet, eine zusätzliche Beanspruchung auf den Boden aus. Im Fall von Kapillarwasser im Baugrund ist deshalb neben dem Druck, welcher der umgebende Boden auf das Bauwerk ausübt, auch der sogenannte Kapillardruck (Gl. E65) als Beanspruchung zu berücksichtigen. Der Kapillardruck σ_k ist als Produkt aus der Wichte des Wassers γ_w und der kapillaren Steighöhe h_k zu ermitteln.

$$\sigma_k = \gamma_w \cdot h_k \quad \left[\frac{kN}{m^2}\right] \tag{E65}$$

Abschließend sei darauf verwiesen, dass der Kapillardruck σ_k in nichtbindigen Böden bei einem bestimmten Wassergehalt eine zusätzliche Reibungsfestigkeit verursachen kann, die als „scheinbare" Kohäsion bezeichnet wird (vgl. Kapitel E-4.3.2).

E-5 Checkpoint (E)

E-5.1 Kapitel E-1 Einführung

(1) Erläutern Sie, welche unterschiedlichen Strukturen nichtbindige und bindige Böden aufweisen.

(2) In welche Gruppen können Bodenkenngrößen zusammengefasst werden?

E-5.2 Kapitel E-2 Stoffbestand

(1) Mit welchen Bodenkenngrößen wird der Stoffbestand von Boden beschrieben?

(2) Welches sind die drei unabhängigen Kennwerte der Phasenzusammensetzung von Boden und wie sind diese definiert?

(3) Erläutern Sie, wie man die Feuchtdichte von Boden im Feld und im Labor bestimmen kann?

(4) Wie ist die Vorgehensweise bei der Bestimmung des Wassergehaltes von Boden?

(5) Welche Kennwerte können aus den drei unabhängigen Kennwerten der Phasenzusammensetzung ohne weitere Laborversuche abgeleitet werden?

(6) Überprüfen Sie jeweils anhand der Definitionen, ob Wassergehalte von $w > 100\,\%$ oder Porenanteile von $n > 100\,\%$ möglich sind. Begründen Sie Ihre Aussagen.

(7) Wie kann sich Kalk im Boden grundsätzlich auswirken?

(8) Wie lässt sich der Kalkgehalt eines Bodens im bodenmechanischen Labor und während der Bodenansprache im Feld bestimmen?

(9) Welchen Einfluss haben organische Bestandteile auf die Eignung des Bodens als Baugrund? Begründen Sie Ihre Aussage.

(10) Wie lässt sich der Anteil der organischen Bestandteile eines Bodens im bodenmechanischen Labor bestimmen?

(11) Durch welche bodenmechanischen Laborversuche lassen sich die Korngrößenverteilungen für grobkörnige, gemischtkörnige und feinkörnige Böden bestimmen?

(12) Wie nennt man die grafische Darstellung der jeweiligen Korngrößenverteilung?

(13) Welches sind die Kennzahlen der Körnungslinie und wozu werden diese benötigt? Wie werden diese Kennzahlen bestimmt?

(14) Welche Bodeneigenschaften lassen sich aus der Korngrößenverteilung qualitativ abschätzen? Geben Sie jeweils ein Beispiel an.

(15) Was ist ein Filter und welche zwei Bedingungen muss dieser erfüllen?

(16) Zu welchem Zweck werden Filterregeln angewendet?

E-5.3 Kapitel E-3 Stoffzustand

(1) Mit welcher Bodenkenngröße wird der Stoffzustand nichtbindiger Böden beschrieben?

(2) Durch welche Bodenkenngröße erfolgt die Zustandsbeschreibung von bindigen Böden?

(3) Welche qualitativen Ausprägungen sind beim Stoffzustand grobkörniger Böden zu unterscheiden?

(4) Wie lauten die Ausprägungen des Stoffzustandes bindiger Böden?

(5) Erläutern Sie, wie der Stoffzustand nichtbindiger Böden festgestellt wird. Gehen Sie dabei auch auf die definierten Grenzzustände und deren Bestimmung im Labor ein.

(6) Welcher Bodenkennwert ist für den aktuellen, also den natürlichen Zustand des nichtbindigen Bodens im Rahmen der Bestimmung des Stoffzustandes zu berücksichtigen? Welche Probengüteklasse und Entnahmekategorie erfordert die Bestimmung dieses Bodenkennwertes?

(7) Beschreiben Sie, wie der Stoffzustand bindiger Böden ermittelt wird. Gehen Sie dabei auch auf die definierten Grenzzustände und deren Bestimmung im Labor ein.

(8) Mit welchem Bodenkennwert wird der aktuelle, also der natürliche Zustand des bindigen Bodens beschrieben, um den Stoffzustand zu ermitteln? Geben Sie an, welche Probengüteklasse und Entnahmekategorie notwendig sind, um diesen Kennwert bestimmen zu können.

(9) Welche Aussagen können anhand der Kenngrößen, die den Stoffzustand beschreiben zum untersuchten Boden getroffen werden?

(10) Was wird unter dem plastischen Bereich verstanden?

(11) Welche Böden verfügen über einen plastischen Bereich?

(12) Durch welchen Parameter wird der plastische Bereich beschrieben und wie ist dieser definiert?

(13) Ist der Parameter, mit welchem der plastische Bereich beschrieben wird, vom natürlichen Wassergehalt des untersuchten Bodens abhängig?

(14) Ist der Konsistenzindex vom natürlichen Wassergehalt des untersuchten Bodens abhängig?

(15) Was ist grundsätzlich darunter zu verstehen, wenn man bei einem Boden von Wasserempfindlichkeit spricht?

(16) Bei welchen Bodenarten muss man davon ausgehen, dass diese wasserempfindlich sind?

(17) Anhand welchen Parameters kann man die Wasserempfindlichkeit eines Bodens einschätzen? Erläutern Sie den Zusammenhang?

(18) Warum sind bei Baumaßnahmen in wasserempfindlichen Böden Schutzmaßnahmen zu treffen? Welche können das sein?

(19) Ab welcher Ausprägung des Stoffzustandes kann ein nichtbindiger oder grobkörniger als tragfähig bezeichnet werden?

(20) Welche Ausprägung des Stoffzustand muss ein bindiger Boden mindestens aufweisen, damit dieser die Bauwerkslasten sicher aufnehmen kann?

E-5.4 Kapitel E-4.1 Verdichtungseigenschaften, Verdichtung und Qualitätskontrolle im Erdbau

(1) Wozu wird das Verdichtungsverhalten von Böden bestimmt?

(2) Von welchen drei Parametern ist die erreichbare Verdichtung eines Bodens abhängig?

(3) Durch welchen bodenmechanischen Laborversuch wird das Verdichtungsverhalten im Labor bestimmt? Erläutern Sie die Versuchsdurchführung kurz.

(4) Was ist eine Proctorkurve und wie viele Versuche sind zu deren Konstruktion mindestens erforderlich? Wie ergibt sich der Scheitelpunkt der Proctorkurve?

(5) Wie ist die Proctordichte definiert und wie ist diese zu bestimmen?

(6) Erläutern und begründen Sie den Verlauf einer Proctorkurve. Erläutern Sie in diesem Zusammenhang, was genau man unter dem trockenen und dem nassen Ast der Proctorkurve versteht.

(7) Was ist eine Sättigungslinie und wie ist diese zu ermitteln? Wo muss diese Linie aufgetragen werden?

(8) Erläutern Sie, was unter den Linien des Luftporenanteils zu verstehen ist. Wo werden diese eingezeichnet? Erläutern Sie deren Ermittlung prinzipiell.

(9) Erläutern Sie den Unterschied zwischen einem Kies-Schluff-Gemisch (GU) und einem enggestuften Sand (SE) hinsichtlich der Proctordichte und des optimalen Wassergehaltes.

(10) Was versteht man unter dem Verdichtungsgrad D_{Pr}, wozu und wie wird dieser bestimmt? Was bedeutet in diesem Zusammenhang der Begriff „Felddichte"?

(11) Welche Probengüteklasse und Entnahmekategorie sind zur Bestimmung der Felddichte im Rahmen der Ermittlung des Verdichtungsgrades erforderlich?

(12) Erläutern Sie den Unterschied zwischen dem einfachen und dem modifiziertem Proctorversuch. Warum gibt es diese zwei Versuche?

(13) In welcher Größenordnung liegt der Verdichtungsgrad z. B. für das Planum von Dämmen üblicherweise?

(14) Sind Verdichtungsgrade von $D_{Pr} > 100$ % für Böden grundsätzlich möglich? Begründen Sie Ihre Aussage.

E-5.5   Kapitel E-4.2 Zusammendrückbarkeit

(1) Erläutern und begründen Sie das unterschiedliche Verhalten von nichtbindigen und bindigen Böden bei Zusammendrückung (Kompression).

(2) Für welche Materialien ist das HOOKE'sche Gesetz gültig? Ist es auch auf Lockergestein (Boden) anwendbar?

(3) Wie nennt man das Materialverhalten von Boden? Was ist die Ursache für dieses Verhalten?

(4) Wie ist der Materialkennwert Poissonzahl definiert? Warum lässt sich dieser für Boden nicht bestimmen?

(5) Warum wird der Materialkennwert, welcher den Widerstand gegenüber Verformung angibt, bei Boden als Steifmodul E_S bzw. Ödometermodul E_{oed} und nicht, wie z. B. bei Stahl, als Elastizitätsmodul E bezeichnet?

(6) Durch welchen bodenmechanischen Laborversuch kann man Angaben zum Verhalten des Bodens bei Zusammendrückung erhalten?

(7) Welche Messwerte werden während dieses Versuches grundsätzlich registriert? Geben Sie die jeweils üblichen Einheiten an.

(8) Warum wird der Boden in diesem Versuch zunächst stufenweise belastet? Wozu erfolgt die anschließende Entlastung?

(9) Welche zwei Diagramme werden zur grafischen Auswertung dieses Laborversuches aufgetragen? Erläutern Sie, welche Werte hierbei jeweils auf der Ordinate und der Abszisse aufgetragen werden, definieren diese Werte und geben die entsprechenden Einheiten an.

(10) Wozu wird der Ödometermodul E_{oed} benötigt? In welcher Einheit dieser üblicherweise in der Geotechnik angegeben?

(11) Ist der im Versuch ermittelte Ödometermodul E_{oed} eine konstante Größe? Belegen Sie Ihre Aussage.

(12) Wie ist der Ödometermodul E_{oed} definiert? Aus welchem Diagramm wird dieser ermittelt? Erläutern Sie die Vorgehensweise kurz.

(13) Was ist definitionsgemäß unter Konsolidation bzw. Konsolidierung zu verstehen? Bei welchen Böden ist mit diesem Vorgang zu rechnen?

(14) Erläutern Sie das Konzept der effektiven Spannungen von TERZAGHI im Zusammenhang mit dem zeitlichen Verlauf der Verformungen im Boden. Gehen Sie dabei auf die folgenden Zustände ein:

- Anfangszustand   =   unkonsolidierter Zustand ($t = 0$)
- Zwischenzustand   =   teilkonsolidierter Zustand ($t > 0$)
- Endzustand   =   konsolidierter Zustand ($t \approx \infty$)

(15) In welche drei Setzungsbereiche lässt sich die Zeitsetzung von bindigen Böden unterteilen?

(16) Welche dieser Setzungsbereiche lassen sich mit dem Ödometerversuch erfassen?

(17) Mit welchem Ziel werden die Modellgesetze „Endsetzung" und „Zeitsetzung" angewendet?

(18) Welche grafische Auswertung des durchzuführenden bodenmechanischen Laborversuches ist dabei für welches der beiden vorgenannten Modellgesetze zu verwenden?

E-5.6   Kapitel E-4.3 Scherfestigkeit

(1) Von welcher bodenmechanischen Kenngröße hängt ab, wie empfindlich ein Boden auf Scherbeanspruchung reagiert?

(2) Wozu wird diese Kenngröße in der Geotechnik benötigt?

(3) Aus welchen Anteilen setzt sich diese mechanische Bodenkenngröße im Allgemeinen zusammen?

(4) Welches Bodenverhalten versteht man unter Dilatanz und Kontraktanz?

(5) Wie wird die Lagerungsdichte bezeichnet, die in wassergesättigten nichtbindigen Böden eine besondere Bedeutung im Zusammenhang mit der Standsicherheit von Bauwerken hat?

(6) Wodurch kann sich ein wassergesättigter nichtbindiger Boden (Feinsand) kurzzeitig verflüssigen und dadurch plötzlich versagen?

(7) Von welchen Faktoren ist der Reibungswinkel abhängig und wie lässt sich dieser visualisieren? Handelt es sich hier um einen spannungsabhängigen Kennwert?

(8) Erläutern Sie, was man unter „echter" Kohäsion versteht.

(9) Ist die „echte" Kohäsion spannungsabhängig?

(10) Was bezeichnet man im Gegensatz dazu als „scheinbare" Kohäsion?

(11) Wie ist die scheinbare Kohäsion in geotechnischen Berechnungen zu berücksichtigen? Begründen Sie kurz.

(12) In welchen Böden tritt jeweils „echte" Kohäsion bzw. „scheinbare" Kohäsion auf?

(13) Beschreiben Sie den Rahmenscherversuch, auch unter Berücksichtigung der einzelnen Messwerte und der Anzahl der erforderlichen Teilversuche.

(14) Erläutern Sie die Auswertung des Rahmenscherversuches und die Bestimmung der Scherparameter nachvollziehbar.

(15) Welche Vor- und Nachteile weisen direkte Scherversuche auf?

(16) Beschreiben Sie das Prinzip des Triaxialversuches, auch unter Berücksichtigung der Messwerte und der erforderlichen Anzahl der Teilversuche.

(17) Erklären Sie die generelle Auswertung des Triaxialversuches und die Bestimmung der Scherparameter.

(18) Beschreiben Sie die Durchführung und Auswertung des einaxialen Druckversuchs. Welche geotechnischen Kennwerte lassen sich mit diesem Versuch bestimmen?

(19) Wie werden Scherfestigkeit und entsprechende Scherparameter im sog. Anfangszustand $t = 0$ bzw. Endzustand $t \approx \infty$ bezeichnet?

(20) Mit welchen Labor- und Feldversuchen lassen sich die Scherparameter für den Anfangs- und den Endzustand jeweils bestimmen?

E-5.7   Kapitel E-4.4 Wasserdurchlässigkeit

(1) Für welche geotechnischen Aufgaben werden Angaben zur Wasserdurchlässigkeit von Boden benötigt?

(2) Warum ist die Durchströmung von Boden mit Wasser bei Bauaufgaben zu berücksichtigen?

(3) Durch welche Faktoren wird die Wasserdurchlässigkeit eines Bodens beeinflusst?

(4) Ist die Wasserdurchlässigkeit in einem Boden mit großem Porenanteil n größer als in einem Boden mit großen Einzelporen? Begründen Sie Ihre Aussage.

(5) Mit welchem Gesetz kann der Strömungsvorgang in einer Bodenprobe genügend genau berücksichtigt werden?

(6) Durch welchen bodenmechanischen Kennwert wird die Wasserdurchlässigkeit des Bodens beschrieben?

(7) Wie lautet der Zusammenhang zwischen Filtergeschwindigkeit und Durchlässigkeitsbeiwert.

(8) Definieren Sie den hydraulischen Gradienten und geben dessen Einheit an.

(9) Wie wird der Durchlässigkeitsbeiwert von nichtbindigen Böden im bodenmechanischen Labor bestimmt?

(10) Wie erfolgt die versuchsmäßige Bestimmung des Durchlässigkeitsbeiwertes von bindigen Böden?

(11) Wie kann der Durchlässigkeitsbeiwert von Boden unterhalb des Grundwasserspiegels im Feld ermittelt werden?

(12) Auf welcher Grundlage kann der Durchlässigkeitsbeiwert auch abgeschätzt werden? Erläutern Sie die Vorgehensweise anhand von zwei Verfahren.

(13) Welcher Boden hat eine geringere Wasserdurchlässigkeit, Schluff oder Feinsand? Begründen Sie und geben jeweils Größenordnung sowie Einheit der entsprechenden Durchlässigkeitsbeiwerte an.

(14) Erläutern Sie die Besonderheit des Durchlässigkeitsbeiwertes im Hinblick auf die Richtungsabhängigkeit.

(15) Warum unterscheidet man zwischen der Filtergeschwindigkeit und der wirklichen Strömungsgeschwindigkeit bzw. Abstandsgeschwindigkeit? Welcher Zusammenhang besteht zwischen diesen beiden?

(16) Was versteht man unter der Kapillarität eines Bodens und mit welchem Parameter wird diese beschrieben?

(17) Erläutern Sie die Abhängigkeit der kapillaren Steighöhe von der Bodenart.

(18) Wofür wird der Kapillardruck benötigt und wie ist dieser zu ermitteln?

(19) Welche Bedeutung hat die Kapillarwirkung im Hinblick auf Boden und Gründungsbauwerke?

E-6 Literatur (E)

[1] Kempfert, Raithel (2012): Geotechnik nach Eurocode, Band 1: Bodenmechanik, 3. Aufl., Beuth Verlag

[2] Witt (Hrsg.) (2017): Grundbautaschenbuch, Teil 1: Geotechnische Grundlagen, 8. Aufl., Ernst & Sohn

[3] Schmidt et al. (2014): Grundlagen der Geotechnik – Geotechnik nach Eurocode, 4. Aufl., Springer, Vieweg

[4] Möller (2016): Geotechnik – Bodenmechanik, 3. Aufl., Verlag Ernst & Sohn

[5] Dörken, Dehne, Kliesch (2017): Grundbau in Beispielen Teil 1, 6. Aufl., Bundesanzeiger Verlag Köln

[6] Tiedemann, Gau, Kruse, Thermann (2012): Skript Grundlagen der Ingenieurgeologie, TU Berlin (unveröffentlicht)

[7] Engel, Lauer (2010): Einführung in die Boden- und Felsmechanik – Grundlagen und Berechnungen, 1. Aufl., Carl Hanser Verlag

[8] Simmer (1994): Grundbau 1, Bodenmechanik, Erdstatische Berechnungen, 19. Aufl., B.G. Teubner, Stuttgart

[9] Stahlmann (1995): Vorlesungsumdruck: Grundbau, Bodenmechanik, Unterirdisches Bauen (Grundfachstudium), Institut für Grundbau und Bodenmechanik, TU Braunschweig, 9. Aufl.

[10] Rizkallah (1990): Einführung in die Praktische Bodenmechanik, Studienunterlagen, Institut für Grundbau, Bodenmechanik und Energiewasserbau (IGBE), 7. Aufl., Universität Hannover

[11] Schultze (1972): Bodenmechanik (Vorlesung), Lehrstuhl für Verkehrswasserbau, Grundbau und Bodenmechanik, TH Aachen

[12] Deutsche Gesellschaft für Geotechnik (2021): Empfehlungen des Arbeitskreises „Baugruben" (EAB), 6. Aufl., Ernst & Sohn

[13] Bobe, Hubáček (1986): Bodenmechanik, 2. bearb. Aufl., VEB Verlag für Bauwesen Berlin

[14] Kolymbas (2016): Geotechnik - Bodenmechanik, Grundbau und Tunnelbau, 4. Aufl., Springer Vieweg

[15] Boley (2012): Handbuch Geotechnik — Grundlagen - Anwendungen - Praxiserfahrungen, 1. Aufl., Vieweg +Teubner

[16] Kuntsche (2016): Geotechnik — Erkunden - Untersuchen - Berechnen - Ausführung - Messen, 2. Aufl., Springer Vieweg

[17] Beyer (1964): Zur Bestimmung der Wasserdurchlässigkeit von Kiesen und Sand aus der Kornverteilungskurve, Wasserwirtschaft – Wassertechnik, 14 (6)

[18] von Soos (2001): Eigenschaften von Boden und Fels ihre Ermittlung im Labor, in Grundbautaschenbuch, Teil 1: Geotechnische Grundlagen, 4. Aufl., Ernst & Sohn

[19] Hölting, Coldeway (2019): Hydrogeologie - Einführung in die Allgemeine und Angewandte Hydrogeologie, 8. Aufl., Springer Spektrum

[20] Proctor (1933): The design and construction of rolled earth dams, Engineering News-Record, 111: (9) 245-248, (10) 216-219, (12) 348-351, (13) 372-376

[21] FGSV (2017): ZTV E-Stb 17: Zusätzliche Technische Vertragsbedingungen und Richtlinien für Erdarbeiten im Straßenbau, Verlag der Forschungsgesellschaft für Straßen- und Verkehrswesen, Köln

F   Bodenklassifizierung und Homogenbereiche

F-1   Bodenklassifizierung gem. DIN 18196

Während sich das Benennen und Beschreiben auf die individuellen Merkmale einer Probe aus einer Bodenschicht bezieht, werden Böden mit vergleichbaren Eigenschaften bzw. Merkmalen bei der Klassifizierung zusammengefasst und in verschiedene Gruppen eingeordnet. Nach DIN 18196 werden Bodenarten, die annähernd den gleichen stofflichen Aufbau und ähnliche Bodeneigenschaften aufweisen, im Hinblick auf die nachfolgend aufgelisteten bautechnischen Eigenschaften bzw. bautechnische Eignung zu Gruppen zusammengefasst (Tab. F-01).

Tab. F-01: Bautechnische Eigenschaften und Eignung gem. DIN 18196

Bautechnische Eigenschaften	Bautechnische Eignung
• Scherfestigkeit	– Baugrund für Gründungen
• Verdichtungsfähigkeit	– Baustoff für Erd- und Baustraßen
• Zusammendrückbarkeit	– Baustoff für Straßen- und Bahndämme
• Durchlässigkeit	– Baustoff für Erdstaudämme (Dichtung, Stützkörper)
• Witterungs- und Erosionsempfindlichkeit	– Baustoff für Dränagen
• Frostempfindlichkeit	

Grundlage der Klassifikation sind die Korngrößenverteilung für grobkörnige und z. T. für gemischtkörnige Böden sowie zusätzlich die plastischen Eigenschaften für gemischt- und feinkörnige Böden. Innerhalb einer Klassifikationsgruppe können die jeweiligen Eigenschaften bei feinkörnigen und gemischtkörnigen Bodenarten je nach Konsistenz, bei grobkörnigen Bodenarten je nach Lagerungsdichte unterschiedlich sein. Um organogene und organische Böden zu klassifizieren, muss außerdem der Kalkgehalt und der Glühverlust bestimmt werden.

Durch die Zusammenfassung zu definierten Bodengruppen lassen sich die Eigenschaften von den gruppierten Böden einfach erfassen. Dieses Klassifikationsschema hat sich in der Baupraxis, d. h. bei Erd- und Grundbauarbeiten besonders bewährt, da Leistungsbeschreibungen, Angebote und Abrechnungen durch die Verwendung von Bodengruppen einerseits präzisiert und vereinfacht, andererseits nicht missverstanden werden können.

Mit Hilfe der Korngrößenverteilungen (vgl. Kapitel E-2.4) und/oder der organischen Bestandteile (vgl. Kapitel E-2.3.2) werden Hauptgruppen unterschieden, welche grobkörnige, gemischtkörnige, feinkörnige Böden, organogene und organische Böden sowie künstlich vom Menschen aufgebrachte, also anthropogene Böden, die als Auffüllungen bezeichnet werden (vgl. Kapitel C), enthalten. Für diese 6 Hauptgruppen werden nach DIN 18196 insgesamt 29 Bodengruppen definiert (Tab. F-02).

Tab. F-02: Prinzip der Bodenklassifizierung in Bodengruppen gem. DIN 18196

Bodengruppe(n)	Hauptgruppe	Gruppierung in Abhängigkeit von:

GE, GW, GI
 	
SE, SW, SI
	Grobkörnige Böden	• Kornverteilungskurve und Parameter der Kornverteilung:
		   − Ungleichförmigkeitszahl $C_U = \frac{d_{60}}{d_{10}}$
		   − Krümmungszahl $C_C = \frac{(d_{30})^2}{d_{10} * d_{60}}$

GU, GT, GU*, GT* SU, ST, SU*, ST*	Gemischtkörnige Böden	• Kornverteilungskurve sowie • Fließgrenze w_L, Ausrollgrenze w_P und • Plastizitätszahl $I_P = w_L - w_P$
UL, UM, UA TL, TM, TA	Feinkörnige Böden	• Kornverteilungskurve sowie • Fließgrenze w_L, Ausrollgrenze w_P und • Plastizitätszahl $I_P = w_L - w_P$
OU, OT	Organogene Böden* nbB: 2 % < V_{Gl} ≤ 10 % bB: 5 % < V_{Gl} ≤ 20 %	• Glühverlust V_{Gl}, • Kornverteilungskurve sowie • Fließgrenze w_L, Ausrollgrenze w_P und • Plastizitätszahl $I_P = w_L - w_P$
OH		• Glühverlust V_{Gl} (org. Anteil), • Kornverteilungskurve
OK		• Glühverlust V_{Gl} (org. Anteil) • Kalkgehalt V_{Ca}, • Kornverteilungskurve
HN, HZ, F	Organische Böden* nbB: V_{Gl} > 10 % bB: V_{Gl} > 20 %	• Glühverlust V_{Gl} (org. Anteil)
[-]	Auffüllungen	• aus natürlichen Böden... je nach Hauptgruppe Gruppensymbol in eckigen Klammern, z. B. [SW]
A		• aus Fremdstoffen

*Anhaltswerte nach [1], siehe auch Abbildung C-01

Die Bezeichnung der Gruppen ist meistens aus zwei Kennbuchstaben zusammengesetzt. Dabei steht der erste Kennbuchstabe für den Hauptbestandteil, der zweite für den Nebenbestandteil der Bodengruppe (Tab. F-03) oder für die charakterisierende bodenmechanische Eigenschaft (Tab. F-04).

Tab. F-03: Kennbuchstaben für Haupt- und Nebenbestandteile gem. DIN 18196

Korngrößenbereiche		Beimengungen (Organische Bestandteile / Kalk)	
G.. Kies	U.. Schluff	O.. Organische Beimengung	H.. Torf
S.. Sand	T.. Ton	K.. Kalk	F.. Schlamm

Die Festlegung des Hauptbestandteils von Bodengruppen für grobkörnige Böden (Kies und Sand) erfolgt anhand der Korngrößenverteilung. Der zweite Kennbuchstabe des Gruppensymbols wird mit Hilfe der Kenngrößen der Körnungslinie, also der Ungleichförmigkeitszahl C_u und der Krümmungszahl C_C, bestimmt (Tab. F-04).

Tab. F-04: Kennbuchstaben für bodenmechanische Eigenschaften gem. DIN 18196

Kornverteilungskurve	Plastische Eigenschaften	Zersetzungsgrad von Torf [1]
E enggestuft mit $C_u < 6$ und C_c beliebig	L leichtplastisch mit $w_L < 35\%$	N nicht bis mäßig zersetzter Torf
W weitgestuft mit $C_u \geq 6$ und $1 \leq C_c \leq 3$	M mittelplastisch mit $35\% \leq w_L \leq 50\%$	Z zersetzter Torf
I intermittierend gestuft mit $C_u > 6$ und $C_c < 1$ oder $C_c > 3$	A ausgeprägt plastisch mit $w_L > 50\%$	[1] Hinweis: Angaben zum Zersetzungsgrad siehe Tabelle C-03, Kapitel C-3.2

Bei gemischtkörnigen Böden wird der grobkörnige Hauptbestandteil anhand der Kornverteilung (Kies und Sand) und der feinkörnige Nebenbestandteil (Schluff und Ton) anhand der plastischen Eigenschaften bestimmt. Im sogenannten Plastizitätsdiagramm (Abb. F-01) sind die gemischtkörnigen Gruppen der Sand-Ton-Bodengemische (ST) und der Sand-Schluff-Bodengemische (SU) oberhalb der A-Linie im Bereich niedriger Fließgrenzen w_L und Plastizitätszahlen I_P lokalisiert.

Weiterhin wird bei diesen Böden der bindige Nebenbestandteil in Abhängigkeit des Massenanteils des Feinkorns (Korndurchmesser $d < 0,06$ mm) mit der Benennung „gering" bzw. „hoch" ergänzt. Wird festgestellt, dass der Feinkornanteil besonders hoch ist, muss der zweite Kennbuchstabe zusätzlich mit einem Sternchen oder alternativ mit einem Querbalken versehen werden. (Tab. F-05).

Tab. F-05: Bezeichnung der Nebenbestandteile von gemischtkörnigen Böden (zweiter Kennbuchstabe) nach dem Feinkornanteil gem. DIN 18196

Benennung	Massenanteil des Feinkorns (d < 0,063 mm)	Kurzzeichen für zweiten Kennbuchstaben
gering	5 % bis 15 %	U oder T
hoch	über 15 % bis 40 %	U* oder T* bzw. auch $\bar{U}$ oder $\bar{T}$

Ist anhand des Feinkornanteils die Einordnung in die Hauptgruppe der feinkörnigen Böden (Ton und Schluff) erfolgt, sind für die weitere Gruppierung ausschließlich die plastischen Eigenschaften heranzuziehen. Mit Hilfe der Fließgrenze und der Plastizitätszahl werden die feinkörnigen Bodengruppen ebenfalls mit dem Plastizitätsdiagramm (Abb. F-01) bestimmt.

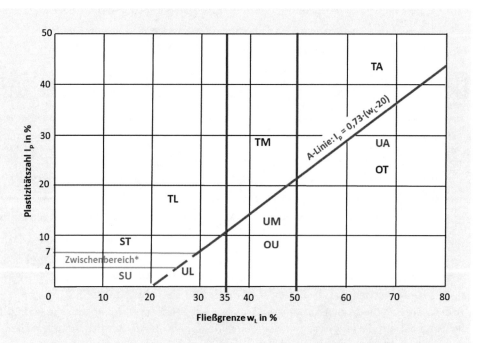

Zwischenbereich*:
Die Plastizitätszahl von Böden mit niedriger Fließgrenze ist versuchsmäßig nur ungenau zu ermitteln. In den Zwischenbereich fallende Böden müssen daher nach anderen Verfahren, z. B. nach DIN EN ISO 14688-1, dem Ton- und Schluffbereich zugeordnet werden.

Abb. F-01: Plastizitätsdiagramm zur Bestimmung der Bodengruppen für feinkörnige sowie gemischtkörnige Böden, in Anlehnung an DIN 18196

Aus dem Plastizitätsdiagramm in Abbildung F-01 geht hervor, dass sich die Bodengruppen der Tone (TL, TM, TA) grundsätzlich oberhalb und die der Schluffe (UL, UM, UA, OU) unterhalb der sogenannten A-Linie befinden. Eine Ausnahme bilden allerdings die organogenen Tone (OT). Da die organischen Verunreinigungen die Plastizität des Tones herabsetzen, liegt diese Bodengruppe unterhalb der A-Linie.

Bei der Gruppenbezeichnung feinkörniger Böden gibt der erste Kennbuchstabe an, ob es sich um Ton (T) oder Schluff (U) handelt. Mit dem zweiten Kennbuchstaben ist der Grad der Plastizität einer der drei Ausprägungen leichtplastisch (L), mittelplastisch (M) oder ausgeprägt plastisch (A) zuzuordnen (vgl. Tab. F-04).

Organogene Böden, d. h. Böden mit organischen Verunreinigungen, werden mit dem ersten Kennbuchstaben O bezeichnet. Aus dem zweiten Kennbuchstaben geht hervor, ob es sich um einen organisch verunreinigten grob- bis gemischtkörnigen (H, K) oder feinkörnigen Boden, also Ton (T) oder Schluff (U) handelt (Tab. F-03). Ob es sich um organogenen Ton (OT) oder organogenen Schluff (OU) handelt, ist analog zu den feinkörnigen Böden anhand des Plastizitätsdiagramms (Abb. F-01) zu ermitteln.

Organische Böden werden unter Berücksichtigung der Entstehung gruppiert. Hierbei wird zwischen dem an Ort und Stelle entstandenen Torf (erster Kennbuchstabe H) und dem unter Wasser abgesetzten Schlamm (Kennbuchstabe F) unterschieden (Tab. F-03).

Torfe werde zusätzlich nach dem Zersetzungsgrad in nicht bis mäßig zersetzt (zweiter Kennbuchstabe N) und zersetzt (zweiter Kennbuchstabe Z) unterschieden (Tab. F-04). Organische Böden sind im Gegensatz zu organogenen Böden in trockenem Zustand brenn- und schwelbar (Tab. F-08).

Von menschlicher Hand entstandene, d. h. anthropogene Aufschüttungen aus natürlichen mineralischen, organogenen oder organischen Böden sind als Auffüllungen zu klassifizieren (Tab. F-02). Die dazugehörige Bodengruppe ist in eckige Klammern zu setzen, z. B. Auffüllung aus weitgestuften Sanden [SW]. Auffüllungen werden mit dem Kennbuchstaben A versehen, wenn diese aus Fremdstoffen, wie z. B. Müll oder Bauschutt zusammengesetzt sind.

Auffüllungen aus Fremdstoffen können problematisch sein, da sich deren bodenmechanisches Verhalten kaum einschätzen lässt. Außerdem kann diese Art von Auffüllungen mit Schadstoffen belastet sein. Derart kontaminierte Auffüllungen müssen kostenintensiv entsorgt und/oder saniert werden.

Anhand der vorgenannten Informationen und der nachfolgend aufgeführten Tabellen F-06 bis F-08 kann die Einordnung von Bodenarten in eine der insgesamt 29 Bodengruppen gem. DIN 18196 vorgenommen werden.

Tab. F-06: Bodenklassifikation für bautechnische Zwecke gem. DIN 18196, hier: Hauptgruppe der grobkörnigen Böden

Hauptgruppen	Massenanteil M des Korndurchmessers d		Lage zur A-Linie (Abb. F-01)	Bodengruppen	Gruppensymbol	Erkennungsmerkmale *Körnungslinie	Beispiele
	d ≤ 0,063 mm	d ≤ 2,0 mm					
Grobkörnige Böden	M < 5 %	M ≤ 60 %	---	enggestufte Kiese	GE	steile Körnungslinie infolge des Vorherrschens eines Korngrößenbereiches	Fluss- und Strandkies, Terrassenschotter
				weitgestufte Kiese	GW	über mehrere Korngrößenbereiche kontinuierlich verlaufende Körnungslinie	
				intermittierend gestufte Kiese	GI	meist treppenartig verlaufende Körnungslinie infolge des Fehlens eines oder mehrerer Korngrößenbereiche	
		M > 60 %		enggestufte Sande	SE	steile Körnungslinie infolge des Vorherrschens eines Korngrößenbereiches	Dünen- und Flugsand, Fließsand, Berliner Sand
				weitgestufte Sande	SW	über mehrere Korngrößenbereiche kontinuierlich verlaufende Körnungslinie	Moränensand, Terrassensand, Granitgrus
				intermittierend gestufte Sande	SI	meist treppenartig verlaufende Körnungslinie infolge des Fehlens eines oder mehrerer Korngrößenbereiche	

Tab. F-07: Bodenklassifikation für bautechnische Zwecke gem. DIN 18196, hier: Hauptgruppe der gemischtkörnigen und feinkörnigen Böden

Hauptgruppen	Massenanteil M des Korndurchmessers d		Lage zur A-Linie (Abb. F-01)	Bodengruppen		Gruppensymbol	Erkennungsmerkmale *Körnungslinie →Trockenfestigkeit/ Reaktion beim Schüttelversuch/Plastizität beim Knetversuch	Beispiele
	d ≤ 0,063 mm	d ≤ 2,0 mm						
Gemischtkörnige Böden	wenn 5 % ≤ M ≤ 15 %, dann U, T oder wenn 15 % < M ≤ 40 %, dann U*, T*	M ≤ 60 %	⋮	Kies-Schluff-Gemisch		GU	* weit oder intermittierend gestufte Körnungslinie, Feinkornanteil ist schluffig	Geschiebelehm, Verwitterungskies, Moränenkies, Hangschutt
						GU*		
				Kies-Ton-Gemisch		GT	* weit oder intermittierend gestufte Körnungslinie, Feinkornanteil ist tonig	
						GT*		
		M > 60 %		Sand-Schluff-Gemisch		SU	* weit oder intermittierend gestufte Körnungslinie, Feinkornanteil ist schluffig	Tertiärsand
						SU*		Auelehm, Sandlöss
				Sand-Ton-Gemisch		ST	* weit oder intermittierend gestufte Körnungslinie, Feinkornanteil ist tonig	Terrassen-sand
						ST*		Geschiebe-lehm und -mergel
Feinkörnige Böden	M > 40 %		$I_p \leq 4$ % oder unterhalb A-Linie / Schluff	leichtplastisch $w_L < 35$ %		UL	→ niedrige/schnelle/keine bis leichte	Löss, Hochflut-lehm
				mittelplastisch $35\% \leq w_L \leq 50\%$		UM	→ niedrige bis mittlere/ langsame/leichte bis mittlere	Seeton, Becken-schluff
				ausgeprägt plastisch $w_L > 50$ %		UA	→ hohe/keine bis langsame/ mittlere bis ausgeprägte	Vulkanische Böden, Bimsböden
			$I_p \geq 7$ % oder oberhalb A-Linie / Ton	leichtplastisch $w_L < 35$ %		TL	→ mittlere bis hohe/keine bis langsame/mittlere bis ausgeprägte	Geschiebe-mergel, Bänderton
				mittelplastisch $35\% \leq w_L \leq 50\%$		TM	→ hohe/keine/mittlere	Lösslehm, Seeton, Beckenton, Keuperton
				ausgeprägt plastisch $w_L > 50$ %		TA	→ sehr hohe/keine/ ausgeprägte	Beckenton, Lauenbur-ger Ton, Tarras

Tab. F-08: Bodenklassifikation für bautechnische Zwecke gem. DIN 18196, hier: Hauptgruppe der organogenen und organischen Böden sowie Auffüllung

Hauptgruppen	Massenanteil M des Korndurchmessers d		Lage zur A-Linie (Abb. F-01)	Bodengruppen	Gruppensymbol	Erkennungsmerkmale → Trockenfestigkeit/ Reaktion beim Schüttelversuch/Plastizität beim Knetversuch / sonstige	Beispiele
	$d \leq 0,063$ mm	$d \leq 2,0$ mm					
Organogene und Böden mit organischen Beimengungen	$M > 40\,\%$		$I_p \geq 7\,\%$ / nicht brenn- oder schwelbar	Organogene Schluffe oder Schluffe mit organischen Beimengungen $35\,\% \leq w_L \leq 50\,\%$	OU	→ mittlere/langsam/mittlere	Seekreide, Kieselgur, Mutterboden
				Organogene Tone oder Tone mit organischen Beimengungen $w_L > 50\,\%$	OT	→ hohe/keine/ausgeprägte	Schlick, Klei, tertiäre Kohletone
	$M \leq 40\,\%$			grob- bis gemischtkörnige Böden mit humosen Beimengungen	OH	pflanzliche Beimengungen, meist dunkel gefärbt, Modergeruch, Glühverlust bis etwa 20 % Massenanteil	Mutterboden, Paläoboden
				grob- bis gemischtkörnige Böden mit kalkigen, kieseligen Bildungen	OK	nicht pflanzliche Beimengungen, meist hell gefärbt, leicht und sehr porös	Wiesenkalk, Kalktuffsand
Organische Böden			brenn- oder schwelbar	nicht bis mäßig zersetzte Torfe (Humus)	HN	u.a. an Ort und Stelle entstanden, faserig, holzreich, hellbraune bis schwarze Färbung (weiter siehe DIN 18196)	Niedermoortorf Hochmoortorf Buchwaldtorf
				zersetzte Torfe	HZ		
				Schlämme als Sammelbegriff	F	unter Wasser abgesetzte Schlamme aus Pflanzenresten, Kot, Mikroorganismen (weiter siehe DIN 18196)	Mudde, Faulschlamm, Gyttja
Auffüllung				aus natürlichen Böden (jeweiliges Gruppensymbol in eckigen Klammern)	[..]	---	---
				aus Fremdstoffen	A	---	Müll, Schlacke, Bauschutt, Industrieabfall

F-2   Klassifikation der Frostempfindlichkeit von Bodengruppen gem. ZTV E-StB

Ob ein Boden frostempfindlich ist, d. h., Bauwerke durch Frost im Boden geschädigt werden können (vgl. Kap. C-5), lässt sich anhand der Korngrößenverteilung bzw. der Bodengruppen gem. DIN 18196 abschätzen. Stellvertretend wird hier in Tabelle F-09 die Einstufung in die drei Frostempfindlichkeitsklassen nach ZTV E-StB 17 (Zusätzliche Technische Vertragsbedingungen für Erdarbeiten im Straßenbau) vorgestellt.

Tab. F-09: Frostempfindlichkeitsklassen gem. ZTV E-StB 17

Bezeichnung	Frostempfindlichkeit	Bodengruppen gem. DIN 18196
F1	nicht frostempfindlich	GW, GI, GE SW, SI, SE
F2	gering bis mittel frostempfindlich	TA, OT, OH, OK [ST , GT, SU, GU][1]
F3	sehr frostempfindlich	TL, TM, OU, UL, UM, UA ST*, GT*, SU*, GU*

[1] siehe Abb. F-02

Für die differenzierte Einordnung von gemischtkörnigen Böden der Bodengruppen ST, GT, SU und GU (Tab. F-09) müssen zusätzlich Feinkornanteil und Ungleichförmigkeitszahl berücksichtigt werden. In Abhängigkeit dieser Parameter sind die Böden entweder der Frostempfindlichkeitsklasse F1 oder F2 (Abb. F-02) zuzuordnen.

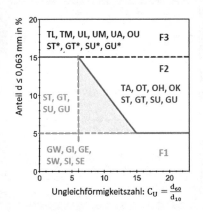

Hinweis zu Tab. F-09 [1]:

Zuordnung ST, GT, SU, GU zu F1, wenn:

$C_u \geq 15$ und $d_{\leq 0,06mm} = 5$ Gew.-% oder

$C_u \leq 6$ und $d_{\leq 0,06mm} = 15$ Gew.-%

Für Ungleichförmigkeitszahlen C_u, die zwischen 6 und 15 liegen (markierter Bereich), kann der Kornanteil d ≤ 0,063 mm, der für eine Zuordnung zu F1 zulässig ist, linear interpoliert werden.

[verändert nach ZTV E-StB 17]

Abb. F-02: Zuordnung von Frostempfindlichkeitsklassen F1, F2 und F3 für Bodengruppen gem. ZTV E-StB 17

F-3   Homogenbereiche

Vor dem Hintergrund, dass Bauleistungen im Zusammenhang mit Lockergestein (Boden) aufgrund von beispielsweise unterschiedlicher Zusammensetzung mit entsprechend unterschiedlichem Aufwand verbunden sind, müssen die zu bearbeitenden Böden für Ausschreibungen nach VOB 2016 in sogenannte Homogenbereiche eingeteilt werden. Gleiches gilt für Festgestein (Fels). Für die Einteilung und Verwendung von Homogenbereichen sind neben der Baugrundbeschreibung auch Bandbreiten von festgelegten geotechnischen Kennwerten im Geotechnische Bericht anzugeben. Durch die Festlegung von Homogenbereichen wird der Boden für die Bauaufgabe bzw. die Bauleistungen einheitlich beschrieben [4].

Konkrete Hinweise zur Vorgehensweise finden sich u. a. in der DIN 18196 (Bodengruppen), aber hauptsächlich in den ATV-Normen der VOB/C 2016, welche die Allgemeinen Technischen Vertragsbedingungen für verschiedene Bauleistungen formulieren. Insgesamt gibt es vierzehn ATV-Normen, welche die Bauleistungen in und/oder mit Boden und Fels regeln (Tab. F-10).

Tab. F-10: Übersicht der ATV-Normen gem. VOB/C 2016

ATV DIN	Bezeichnung	ATV DIN	Bezeichnung
18300	Erdarbeiten	18311	Nassbaggerarbeiten
18301	Bohrarbeiten	18312	Untertagebauarbeiten
18303	Verbauarbeiten	18313	Schlitzwandarbeiten
18304	Ramm-, Rüttel- und Verpressarbeiten	18319	Rohrvortriebsarbeiten
18305	Wasserhaltungsarbeiten	18320	Landschaftsbauarbeiten
18308	Dränarbeiten	18321	Düsenstrahlarbeiten
18311	Einpressarbeiten	18324	Horizontalspülbohrarbeiten

Die Homogenbereiche, die für jedes Bauvorhaben und jedes zur Anwendung kommende Verfahren spezifisch festzulegen sind, wurden mit der VOB/C 2016 verbindlich in die Baupraxis eingeführt. Damit liegt ein einheitliches Klassifizierungssystem vor, mit welchem die jeweils speziellen Anforderungen der unterschiedlichen Gewerke im Zusammenhang mit der Gewinnung und/oder der Bearbeitung von Boden berücksichtigt werden können. [3]

Die Risikoverteilung zwischen dem Auftragnehmer (AN) und dem Auftraggeber (AG) bleibt im Zusammenhang mit Homogenbereichen i. d. R. ebenso unberührt wie die Verteilung des Baugrundrisikos (vgl. Kap. A-4.1) [4].

F-3.1 Definition Homogenbereich für Erdarbeiten nach ATV DIN 18300 (VOB/C 2016)

*„Boden und Fels sind entsprechend ihrem **Zustand vor dem Lösen** in Homogenbereiche einzuteilen. Der **Homogenbereich ist ein begrenzter Bereich**, bestehend aus einzelnen oder mehreren Boden- oder Felsschichten, der **für einsetzbare Erdbaugeräte vergleichbare Eigenschaften** aufweist. Sind **umweltrelevante Inhaltsstoffe** zu beachten, so sind diese bei der Einteilung in Homogenbereiche zu berücksichtigen."*

Ein Homogenbereich umfasst damit also Boden, der für das Laden, Lösen, Transportieren, Verfüllen, Verdichten etc. die gleichen Leistungsaufwendungen erfordert. [3]

F-3.2 Festlegung von Homogenbereichen

Für die Festlegung von Homogenbereichen müssen die verfahrensspezifischen Eigenschaften des Baugrundes bekannt sein. Grundsätzlich müsste dazu auch schon das Bauverfahren bekannt sein. Da dies häufig zu diesem Zeitpunkt noch nicht der Fall ist, muss die Baugrunduntersuchung so geplant werden, dass weitere Untersuchungen möglichst vermieden werden.

Für die Benennung und Abgrenzung der Homogenbereiche gibt es keine Vorgaben in der VOB/C 2016. Da mit der Anzahl der Homogenbereiche der Aufwand z. B. für die Bauüberwachung und die Abrechnung steigt, sollte die Festlegung unter der Prämisse: „so wenige Homogenbereiche wie möglich und nur so viele wie unbedingt nötig", erfolgen. Die Anzahl der Homogenbereiche darf außerdem die Anzahl der Baugrundschichten nicht übersteigen. Homogenbereiche müssen:

⇨ eindeutig und räumlich abgegrenzt sein,

⇨ anhand der geotechnischen Eigenschaften festgelegt sein,

⇨ Baugrundbereiche sein, deren Beschaffenheit vor dem Lösen maßgebend ist und

⇨ gleiche umweltrelevanter Eigenschaften aufweisen. [4]

Bei der Abgrenzung der Homogenbereiche ist weiterhin zu beachten, dass diese auf der Baustelle mit einfachen Mitteln, z. B. visueller oder manueller Bodenansprache (vgl. Kap. C-3.1 und C-3.2) nachzuvollziehen ist, um sowohl die Bauüberwachung und als auch das Aufmaß effizient ausführen zu können. [3] Weiterhin sind zur Festlegung von Homogenbereichen für die ATV-Normen umfangreiche Labor- und Feldversuche erforderlich, um Bandbreiten charakteristischer Werte von geotechnischen Kenngrößen zu ermitteln und angeben zu können (Tab. F-11).

F-3.3   Grundlagen der Ausschreibung mit Homogenbereichen

Nachfolgend sind Grundlagen, Inhalte und Unterlagen aufgelistet, welche für eine Ausschreibung mit Homogenbereichen vorhanden sein müssen Hier ist anzumerken, dass die Auswahl der Bauverfahren und der Geräte i. d. R. dem Unternehmer überlassen bleibt. [4]

⇨ Baugrunderkundung sowie Geotechnischer Bericht/Entwurfsbericht nach EC 7 DIN EN 1997,

⇨ Angabe und Beschreibung der Homogenbereiche einschließlich der Angabe aller geforderten Kennwerte/Eigenschaften.

Wie eingangs bereits erwähnt, sind neben den Homogenbereichen auch die Bodenkennwerte mit der Ausschreibung durch den Bauherrn bereitzustellen. Für jede der einzelnen ATV-Normen der VOB/C müssen dafür mindestens die Eigenschaften/Kennwerte angegeben werden, die explizit im Absatz 2 der jeweiligen ATV-Norm aufgelistet und hier in Tabelle 11 zusammengestellt sind.

Der Bauunternehmer prüft die erhaltenen Angaben während der Angebotsbearbeitung. Auf dieser Grundlage werden z. B. für die Erdarbeiten gem. ATV DIN 18300 in jedem Homogenbereich die Preise für die Vorgänge Laden, Lösen, Transportieren, Verfüllen und Verdichten etc. kalkuliert.

Um Homogenbereiche für einfache Erdarbeiten (kleiner Erdbau: z. B. Leitungsgräben) wirtschaftlich festlegen zu können, hat man den Umfang der erforderlichen Bodenkennwerte reduziert. Berücksichtigt wird der unterschiedliche Untersuchungsumfang für einfache und alle anderen Erdarbeiten, indem die entsprechende Geotechnische Kategorie (vgl. Kapitel A-4.3) ergänzt wird.

Für einfache Erdarbeiten ist ATV DIN 18300 daher mit der Geotechnischen Kategorie GK 1 ergänzt worden. Für alle anderen Erdarbeiten gilt die ATV DIN 18300 dementsprechend für die Geotechnischen Kategorien GK 2 und GK 3 (Tab. F-11).

In diesem Zusammenhang sei darauf hingewiesen, dass Arbeiten im Zusammenhang mit Oberboden (Mutterboden) nicht Bestandteil der DIN 18300 sind. Diese Arbeiten sind in der ATV DIN 18320 (Tab. F-19) geregelt, da sich Landschaftsbauarbeiten hauptsächlich mit dem Oberboden beschäftigen.

Tab. F-11: erforderliche Kennwerte/Eigenschaften für Böden in den ATV-Normen

Legende: ■ = Angabe erforderlich; * für Geotechnische Kategorie GK 2 und GK 3; nein.. keine Angabe erforderlich

Eigenschaft / Kennwert	18300 / GK1	18300 *	18301	18304	18311	18312	18313	18319	18320	18321	18324
Korngrößenverteilung mit Körnungsbändern	nein	■	■	■	■	■	■	■	nein	■	■
Massenanteil Steine, Blöcke und große Blöcke	■	■	■	■	■	■	■	■	■	■	■
Mineralogische Zusammensetzung von Steinen und Blöcken	nein	nein	nein	nein	nein	nein	■	nein	nein	■	■
Dichte	nein	■	nein	nein	nein	■	■	■	nein	■	■
Kohäsion	■	nein	nein	■	nein	■	■	nein	nein	nein	■
Undrainierte Scherfestigkeit	nein	■	■	nein	nein	■	■	■	nein	■	■
Sensivität	■	nein	nein	nein	nein	■	■	nein	nein	nein	nein
Wassergehalt	nein	■	■	■	■	■	■	■	nein	■	■
Konsistenz	■	nein	nein	nein	nein	■	nein	nein	nein	nein	nein
Konsistenzzahl	nein	■	■	■	nein	■	■	■	nein	■	■
Plastizität	■	nein	nein	nein	nein	nein	nein	nein	nein	nein	nein
Plastizitätszahl	nein	■	■	■	nein	■	■	■	nein	■	■
Lagerungsdichte	■	■	■	■	■	■	■	■	nein	■	■
Durchlässigkeit	■	nein	nein	nein	nein	nein	nein	■	nein	nein	nein
Kalkgehalt	■	nein	nein	nein	nein	nein	■	■	nein	nein	nein
Sulfatgehalt	■	nein	nein	nein	nein	nein	nein	nein	nein	nein	■
Organischer Anteil	nein	■	nein	nein	nein	■	■	■	nein	■	■
Benennung und Beschreibung organischer Böden	■	nein	nein	nein	nein	nein	■	nein	nein	nein	■
Abrasivität	■	nein	nein	■	nein	nein	■	nein	nein	nein	■
Bodengruppe gem. DIN 18196	■	■	■	■	■	■	■	■	DIN 18195	■	■
Ortsübliche Bezeichnung	nein	■	■	■	■	■	■	■	nein	■	■

Legende: ■ Angabe erforderlich; * für Geotechnische Kategorie GK 2 und GK 3

nein.. keine Angabe erforderlich

F Bodenklassifizierung und Homogenbereiche

In Abbildung F-03 ist an einem Beispiel aufgezeigt, welche Informationen und geotechnischen Kennwerte in der Ausschreibung mit Homogenbereichen nach ATV DIN 18300 enthalten sein müssen.

Pos.	Leistung	Menge	Einheit	Einheitspreis (€/Einheit)	Gesamtpreis (€)
01.0110	Boden lösen und weiterverwerten Boden aus **Homogenbereich 2** (siehe Bild 3 und Tabelle 4) mit den Kennwerten nach Baugrundgutachten profilgerecht lösen und zur Weiterverwertung seitlich lagern.	xx	m³		

Nr.	Eigenschaft / Kennwert	Homogenbereich 2
1	Kornverteilung	siehe Korngrößenverteilung (Bild 3)
2	Anteil Steine und Blöcke / große Blöcke	< 3 %
4	Dichte im feuchten Zustand	1,85 - 1,95 g/cm³
7	Undrainierte Scherfestigkeit	c_u = 12 - 18 kN/m²
9	Wassergehalt	6,3 ...11,6 %
10	Konsistenz, Konsistenzzahl	weich, I_c = 0,63
11	Plastizität I_p, Fließgrenze w_L, Ausrollgrenze w_p	I_p = 6,7 ... 14,8 w_L = 10 ... 19 %, w_p = 2,3 ... 4,2 %
14	Lagerungsdichte	(hier nicht maßgebend)
16	Organischer Anteil	< 1%
20	Bodengruppe	GU*, GU*, GT, GT*, SU, SU*, ST, ST*
21	Ortsübliche Bezeichnung	Musterhausener Schluff

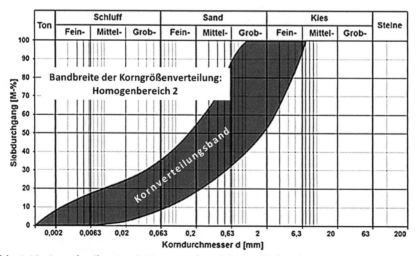

Abb. F-03: Ausschreibung mit Homogenbereichen, Inhalte der Leistungsbeschreibung (Beispiel), verändert nach [4]

F-3.4 Vor- und Nachteile bei der Anwendung von Homogenbereichen

„Mit ... der ATV DIN 18300 – der Einführung von Homogenbereichen – werden von Ausschreibenden und den Bauunternehmen ... umfangreiche Kenntnisse in den theoretischen und praktischen Grundlagen der Geotechnik gefordert. ... Widersprüche hinsichtlich der Bodenklassifikation zwischen einzelnen Gewerken sollen sich mit dem ... System der Homogenbereiche reduzieren. [4]"

Vor- und Nachteile, welche sich aus der Anwendung von Homogenbereichen ergeben, sind nachfolgend beschrieben und gegenübergestellt (Tab. F-12).

Tab. F-12.: Vor- und Nachteile der Homogenbereiche, zusammengestellt nach [4]

Vorteile	Nachteile
Baugrundschichten können aus Geotechnischem Bericht einzeln, oder als Homogenbereiche zusammengefasst, übernommen werden.	Da viele Kennwerte/Eigenschaften zur Beschreibung der Homogenbereiche erforderlich sind, nimmt der Umfang von Leistungsverzeichnis/Leistungsbeschreibung zu.
Die genauere Beschreibung des Baugrunds durch die im Leistungsverzeichnis anzugebenden Kennwerte führt zu gut kalkulierbaren Arbeitsleistungen wie z.B. Lösen, Laden etc.	Abweichungen können Nachträge wegen Mehraufwand generieren. Der Nachweis ist allerdings schwieriger, wenn nur einzelne Parameter abweichen.
Es müssen für alle Gewerke jeweils umfangreiche Kennwerte angegeben werden, auch wenn es gewerkespezifische Unterschiede hinsichtlich Umfang bzw. erforderlicher Angabe gibt.	Nachträge sind möglich, wenn Baugrundschichten angetroffen werden, die nicht zu den ausgeschriebenen Homogenbereichen passen; dies ist aber dem unvermeidbaren Baugrundrisiko zuzurechnen.
Der reduzierte Kennwertumfang bei kleinen Erdbauarbeiten entsprechend der Geotechnischen Kategorie GK 1 ermöglicht eine angepasste, wirtschaftliche Festlegung von Homogenbereichen.	Es ist eine höhere Fachkompetenz für die Bauausführung bei Sachverständigen für Geotechnik und Planern erforderlich, um die Zuordnung der Baugrundschichten zu den Homogenbereichen vornehmen zu können.
Die Versuche zur Bestimmung der Kennwerte sind in den ATV-Normen zur Nachprüfung im Streitfall eindeutig vorgegeben.	Die Unterscheidung der Homogenbereiche in der Bauausführung ist für den Bauüberwacher bzw. den Geotechnischen Sachverständigen schwieriger und nicht immer ohne Laborversuche möglich.
	Bauverfahren und Gewerke müssen vor Beginn der Baugrunduntersuchung bekannt sein, um sowohl die Erkundung als auch die Laboruntersuchungen planen zu können. Anderenfalls können u. U. planungsbegleitende ergänzende Baugrunduntersuchungen erforderlich werden.

F-4   Checkpoint (F)

(1)   Die Bodenklassifizierung nach Bodengruppen gem. DIN 18196 erfolgt im Hinblick auf bestimmte Aspekte, welche sind das?

(2)   Auf welcher Grundlage erfolgt jeweils die Einordnung von grob-, gemischt- und feinkörnigen Böden in die drei Hauptgruppen?

(3)   Erläutern Sie die Bezeichnung der Bodengruppen und die einzelnen Kennbuchstaben grundsätzlich.

(4)   Wie erfolgt die Gruppenzuordnung für grobkörnige Böden im Einzelnen?

(5)   Erläutern Sie die Vorgehensweise der Gruppenzuordnung für gemischtkörnige Böden.

(6)   Wie können feinkörnige Böden den passenden Bodengruppen zugeordnet werden.

(7)   Auf welcher Grundlage erfolgt die Einordnung in die zwei Hauptgruppen organogene und organische Böden? Welche weiteren Bodengruppen werden hier unterschieden?

(8)   Welche Böden werden den zwei Bodengruppen der Hauptgruppe Auffüllung zugeordnet?

(9)   Welche aufgefüllten Böden sind problematisch und warum?

(10)   Wozu werden Böden bzw. Bodenschichten in Homogenbereiche eingeteilt?

(11)   Auf welcher Grundlage und nach welchen Gesichtspunkten werden Homogenbereiche für den Baugrund in Zusammenhang mit der Bauaufgabe festgelegt?

(12)   Erläutern Sie anhand der ATV-Norm DIN 18300 „Erdarbeiten", was ein Homogenbereich ist.

F-5   Literatur (F)

[1] Schmidt et al. (2014): Grundlagen der Geotechnik – Geotechnik nach Eurocode, 4. Aufl., Springer, Vieweg

[2] Dörken, Dehne, Kliesch (2017): Grundbau in Beispielen Teil 1, 6. Aufl., Bundesanzeiger Verlag Köln

[3] A. Große, K.-M. Borchert (2015): Homogenbereiche anstatt Boden- und Felsklassen in der VOB Teil C, Ingenieurkammertag 2015

[4] Zentralverband des Deutschen Baugewerbes e.V., Hrsg. (2016): Homogenbereiche-Umstellung von Boden- und Felsklassen auf Homogenbereiche am Beispiel der DIN 18300